鄱阳湖赣江三角洲
指状沙坝沉积构型

徐振华　吴胜和　辛翠平　著

石油工业出版社

内 容 提 要

本书基于丰富的钻孔、探地雷达等地质数据及大量的水槽实验与沉积数值模拟数据，阐明了鄱阳湖赣江浅水三角洲宏观分布规律及形成条件，明确了指状沙坝平面组合样式及控制因素，揭示了单一指状沙坝几何特征及控制因素，建立了浅水三角洲指状沙坝构型模式。

本书适合从事沉积学、油气田开发地质及相关领域的工程技术人员、科研人员和管理人员阅读，也可供高等院校相关专业教学参考。

图书在版编目（CIP）数据

鄱阳湖赣江三角洲指状沙坝沉积构型/徐振华，吴胜和，辛翠平著 . -- 北京：石油工业出版社，2025. 3

ISBN 978-7-5183-7432-8

Ⅰ. P931.1

中国国家版本馆 CIP 数据核字第 20254799D2 号

出版发行：石油工业出版社
    （北京市朝阳区安华里 2 区 1 号楼　100011）
    网　址：www.petropub.com
    编辑部：（010）64523693
    图书营销中心：（010）64523633　（010）64523731
经　　销：全国新华书店
排　　版：北京点石坊文化发展有限责任公司
印　　刷：北京九州迅驰传媒文化有限公司

2025 年 3 月第 1 版　　2025 年 3 月第 1 次印刷
787 毫米 ×1092 毫米　　开本：1/16　印张：9.75
字数：200 千字

定价：98.00 元

前　言

　　三角洲的研究由来已久。受到供源与盆地能量的共同影响，三角洲可形成多样的成因类型砂体。指状沙坝是一种三角洲成因的砂体，最早被认为形成于深水三角洲前缘，如现代密西西比河三角洲。后有学者发现，指状沙坝也可以发育于浅水三角洲中。事实上，指状沙坝也是浅水三角洲的重要砂体类型，世界范围内的现代湖盆中广泛发育浅水三角洲指状沙坝沉积，目前已在鄂尔多斯盆地、渤海湾盆地、松辽盆地等多个含油气盆地中发现由浅水三角洲指状沙坝组成的油藏。指状沙坝的分布影响着油气储集体的宏观分布继而影响油气钻探目标的确定，而其内部构型则影响着储层非均质性继而影响着开发过程中的地下油水运动。但是，浅水三角洲指状沙坝的平面组合样式、几何特征及内部构型缺乏定量表征，形成机理尚不明确。深入了解指状沙坝的宏观分布、内部构型与形成机理，对于推进三角洲沉积学发展具有较大的理论意义，同时，对于指导油气精细勘探和开发具有重要的实际意义。

　　鄱阳湖赣江三角洲发育典型的指状沙坝沉积。近七年来，在多项国家自然科学基金项目与企业委托课题的支持下，本书作者持续开展鄱阳湖赣江三角洲现代沉积地质勘测，获取了丰富的钻孔、探地雷达等地质数据，并进行了大量的水槽实验与沉积数值模拟工作。通过多年的研究逐步揭示了赣江三角洲指状沙坝的沉积构型特征，明确了浅水三角洲指状沙坝的构型模式与形成机理。

　　本书系统总结了鄱阳湖赣江三角洲指状沙坝沉积构型的研究成果。全书共七章，包括导论、鄱阳湖概况、指状沙坝研究方法、指状沙坝宏观分布规律及

形成条件、指状沙坝平面组合样式及控制因素、单一指状沙坝几何特征及控制因素、指状沙坝内部构型及控制因素。

本次研究得到国家自然科学基金委"高频湖平面变化影响的敞流湖盆三角洲指状沙坝构型定量模式"（42202178）与"湖盆浅水三角洲指状沙坝的构型特征及形成机理研究"（41772101）两个项目的资助。感谢中国石油大学（北京）地球科学学院、油气资源与工程全国重点实验室同仁们的大力支持与帮助。

本书的出版旨在抛砖引玉，希望有更多学者能够关注指状沙坝的研究。同时，书中难免会有诸多纰漏，望各位专家、同仁、读者不吝赐教！

目 录

第一章　导　论

　　湖盆浅水三角洲由于易发育面积较广、成因类型多样的砂体，蕴藏着大量的油气资源，多年来受到国内外学者的关注。湖盆浅水三角洲下平原—前缘的指状沙坝作为重要的沉积类型，广泛发育于现代沉积及地下储层中。本章将介绍浅水三角洲指状沙坝的内涵，总结国内外学者在浅水三角洲沉积构型及形成机理方面的研究进展。

第一节　浅水三角洲指状沙坝的内涵

一、浅水三角洲的内涵

　　三角洲的研究由来已久（Gilbert，1885；Barrell，1912）。根据平面形态可将三角洲划分鸟足状、朵状、尖嘴状、弧状和喇叭状（Bernard，1965）；根据是否造陆可将三角洲划分为建设性与破坏性三角洲（Fisher，1969）；根据河流、波浪、潮汐作用的相对关系，可将三角洲划分为河控、浪控及潮控三角洲（Galloway，1975）；根据三角洲供源体系可将三角洲划分为正常三角洲、辫状河三角洲及扇三角洲（Mcpherson et al.，1987；薛良清等，1991；朱筱敏等，2013）。Zavala et al.（2021）综合考虑盆地水体密度与供源密度，提出了七种不同的三角洲类型，包括高盐滨海三角洲、海洋滨海三角洲、含盐滨海三角洲、中质滨海三角洲、重质滨海三角洲、重质水下三角洲与重质扇三角洲。

　　Fisk（1954）发现盆地水深对三角洲沉积有重要作用，将三角洲划分为浅水型与深水型。他认为，近代密西西比河三角洲为浅水三角洲砂体，而现代密西西比河三角洲为深水三角洲（图 1-1）。浅水三角洲发育宽广的平原沉积，可形成良好的煤系地层。随着 20 世纪 70—90 年代一次能源勘探的深入，国内外学者开始关注浅水三角洲沉积（Donaldson，1974；龚绍礼等，1986；薛庆远，1995；李增学等，1995；郭英海等，1995），并逐渐认

识到浅水三角洲有别于正常三角洲的沉积特征。

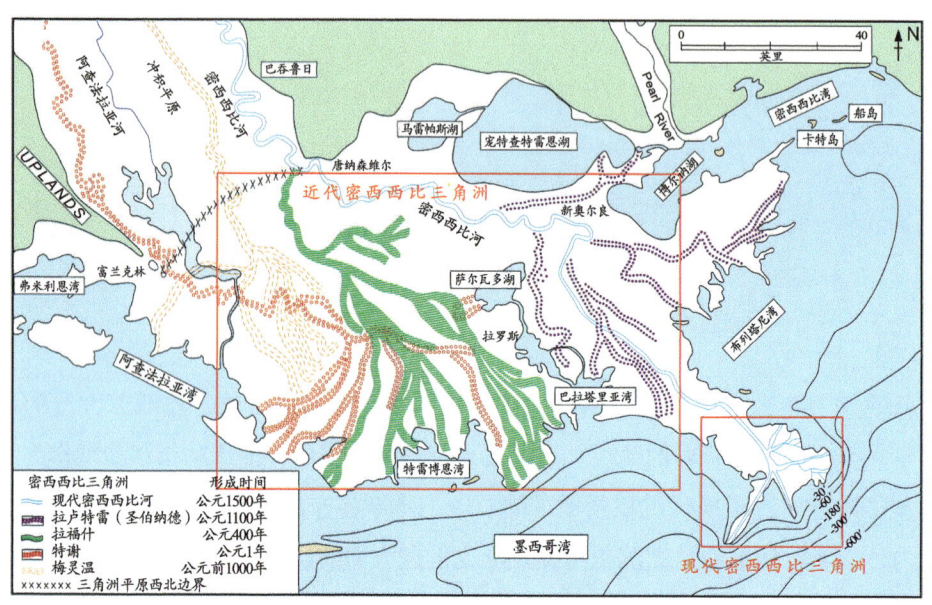

图1-1　近代与现代密西西比河三角洲沉积分布图（据Fisk等修改，1954）

　　数十年来，对于浅水三角洲的定义已形成较为统一的认识：浅水三角洲是在水体较浅、构造稳定、地形相对平缓的海（湖）盆中形成的三角洲（Postma，1990；邹才能等，2008；朱筱敏等，2012；于兴河等，2013；金振奎等，2014a）。目前，学者们对于"浅水"多为一个定性的认识。例如，Postma（1990）认为数十米水深即为浅水，但这一定义没有考虑到海盆与湖盆的规模差异，按此定义，湖盆三角洲均为浅水三角洲。邹才能等（2008）、于兴河等（2013）认为应以浪基面［正常湖（海）浪波长的1/2］为界，作为划分浅水和深水的标志，这类似于滨浅湖相带的划分，这一分类考虑到了海盆与湖盆的规模差异。浪基面反映的是波浪影响的最大深度，通常为表面波浪波长的1/2，其绝对值与水体规模有关，如美国密执安湖最大波浪的波长约为30m，中国鄱阳湖和青海湖波浪波长一般为15m（邹才能等，2008）。浪基面以上的水体区域，是波浪能影响沉积物的"浅水"区，但形成的三角洲剖面却包括两种类型：其一为缓倾式剖面结构（Postma，1990），或称为毯式剖面（邹才能等，2008），分流河道可下切至前三角洲沉积中，相当于Fisk（1955）定义的浅水三角洲；其二为陡倾式的吉尔伯特型剖面（Postma，1990），具有典型的顶积层、底积层和前积层三层结构。学者们在论述浅水三角洲沉积特征时，认为浅水三角洲的顶积层、底积层和前积层三层结构特征不明显，或表现为一种隐性前积（朱筱敏等，2013；曾洪流等，2015），实际上指的是前一种三角洲。显然，若仅用浪基面深度来定义浅水三角洲的水体范围，不足以反映上述差异。而且由于大部分三角洲均形成和发育于浪基面之上，若将浅水定义为浪基面之上，则涵盖的三角洲过于宽泛，也就失去了将浅水三角洲单独分出的意义。

除了"浅水"之外，地形坡度也是影响浅水三角洲的重要因素。Postma（1990）根据地形坡度将浅水三角洲划分为浅水（毯式）三角洲与浅水 Gilbert 式三角洲两类，这两类浅水三角洲在沉积剖面上具有明显的差异。邹才能等（2008）也认同了 Postma 的观点，认为湖盆浅水三角洲可发育浅水（毯式）三角洲与浅水 Gilbert 式三角洲两种基本类型。目前，国内外学者论及浅水三角洲时，一般内含"缓坡"的概念，并未对平缓进行详细的定义。部分学者对某一具体的三角洲的坡度进行了研究，但也未形成统一的认识，如吕晓光等（1999）基于松辽盆地的研究认为大型浅水湖盆地形坡度不足 0.1°；金振奎等（2014a）在研究鄱阳湖浅水三角洲沉积模式时，将 0.5° 作为划分缓坡和陡坡的界限，认为鄱阳湖发育的三角洲为浅水缓坡三角洲。

浅水三角洲的定义不仅要考虑湖盆／海盆的特征，还应考虑分流河道与湖盆／海盆的配置关系，即河道水深与河口处盆地水深的比值（河—盆水深比）。这一参数对三角洲沉积特征及剖面结构具有重要的影响。随着河—盆水深比增加（河口水体变浅），水流与底形的摩擦力增大，有利于河口坝的形成及河道的分流（Wright, 1977; Edmonds et al., 2007），而且水流扩散形式趋向于从轴向喷流变为平面喷流，三角洲前积层倾角变小，特别是，三角洲前缘沉积物厚度变小，在三角洲进积时分流河道对先期三角洲前缘和前三角洲沉积的改造作用增强。在卸载速率一定的情况下，当河—盆水深比大于或等于 1 时，河道可下切至前三角洲沉积中（在坡降一定的情况下河道下切深度随着岸线距离的增加而逐渐减小），形成顶积层主控的三角洲；当河—盆水深比小于 1 时，形成前积层主控的三角洲，而且河—盆水深比越小，三层结构越明显（Edmonds et al., 2011）（图 1-2）。

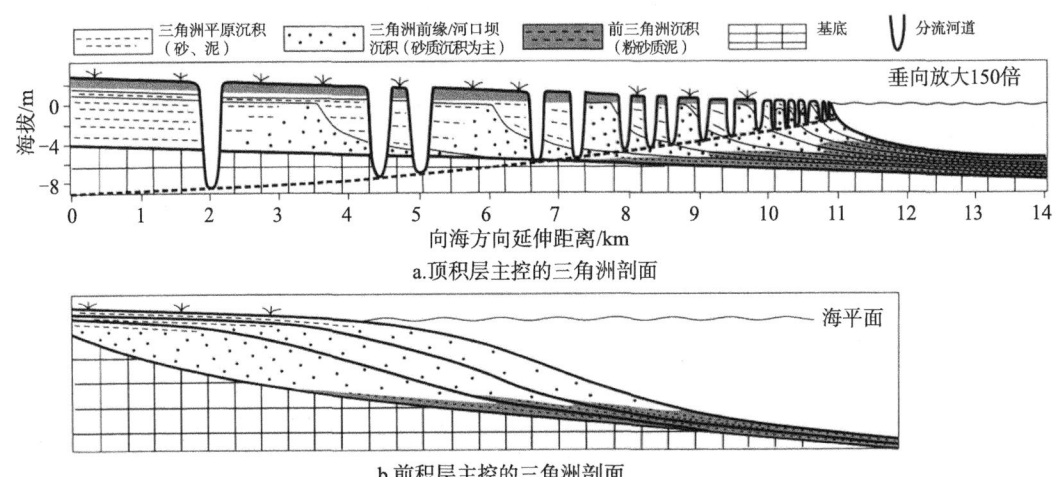

图1-2 顶积层为主与前积层为主的三角洲纵剖面对比图（据Edmonds et al., 2011）

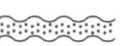

综上所述，影响三角洲沉积特征的水深参数有两个，即浪基面深度和河—盆水深比。据此，将浪基面以上的水体深度分为两级：其一为极浅水（shoal water），河—盆水深比大于或等于1；其二为较浅水，河—盆水深比小于1；浪基面以下的水体则称为较深水（吴胜和等，2019）。相应地，可将三角洲分为三大类（表1-1）：

（1）极浅水三角洲（浅水三角洲）。水深比大于或等于1，即初始分流河道深度大于或等于河口盆地水深。这类三角洲由于水体浅，沉积物厚度小，在形成过程中虽然可以形成三角洲三层结构（自下而上为前三角洲、三角洲前缘和三角洲平原）（冯文杰等，2017），但由于分流河道深度相对较大，在三角洲进积过程中分流河道会对已有沉积进行较大的改造，使得三角洲平原相带宽广，残留的三角洲剖面的三层结构不明显，形成顶积层主控的三角洲剖面（Edmonds et al.，2011），呈现为"毯式"。实际上，Fisk（1955）在提出浅水三角洲概念时，就指的是这类三角洲。文献上所描述的大部分浅水三角洲（Donaldson，1974；楼章华等，1999；邹才能等，2008；朱筱敏等，2012，2013；曾洪流等，2015；付晶等，2015）也属于这类三角洲。在地层剖面中，识别这类三角洲的最主要依据是分流河道常下切至三角洲沉积底部。该类三角洲受湖平面升降的影响大，岸线迁移明显，会发生快速的、远距离的进积或退积（楼章华等，1999；吕晓光等，1999）。为了尊重习惯，将这类极浅水三角洲简称为浅水三角洲（后文将沿用这一简称）。

表1-1 不同水深三角洲的特征比较简表

三角洲类型	浅水三角洲	较浅水三角洲	较深水三角洲
河—盆水深比	≥1	<1	远小于1
前三角洲水体深度	浪基面之上	浪基面之上	浪基面之下
剖面结构	顶积层主控；三层结构不明显	前积层主控；三层结构较明显	前积层主控；三层结构明显
分流河道在三角洲沉积中的垂向位置	分流河道可下切至前三角洲沉积	分流河道仅分布于三角洲沉积上部或顶部	分流河道仅分布于三角洲沉积的顶部
沉积物重力流发育程度	缺乏	可见	较发育
三角洲沉积厚度	厚度薄，小于初始分流河道深度	厚度较大	厚度大
湖（海）平面升降的影响	影响大，岸线迁移明显，退积或进积距离远、速率快	有一定影响	影响较小

（2）较浅水三角洲。水体深度在浪基面之内，且水深比小于1（初始分流河道深度小于前三角洲深度）。这类三角洲趋向于发育吉尔伯特型剖面结构。在河流排量或沉积物供给足够充分的情况下，河—盆水深比越小，吉尔伯特型剖面结构越明显。在地层剖面中，

可通过这一剖面结构来识别这类三角洲。由于水体在浪基面之上，沉积体中可见波浪影响的特征。

（3）较深水三角洲。三角洲前缘斜坡延伸至浪基面之下，水深比远小于1，相当于Postma（1990）分类中的"深水三角洲"。鉴于"深水"一词很容易与深海或深湖相混淆，笔者建议将原有的"深水"改为"较深水"。这类三角洲包括陆架边缘型三角洲、斜坡型三角洲或其他具有坡折的较深水体形成的三角洲等，其前三角洲与海（湖）底扇环境毗邻。总体特征与较浅水三角洲相似，主要区别是：①三角洲前缘斜坡下部及前三角洲处于浪基面之下，缺乏波浪影响的特征；②三角洲前缘斜坡一般较陡，常伴随重力流沉积（异重流或滑塌成因）。

二、指状沙坝的内涵

指状沙坝的概念，首次由Fisk（1954）提出，他认为指状沙坝由分流河道、河口坝及天然堤沉积组成，主要发育于以现代密西西比河三角洲为代表的较深水三角洲中（图1-3）。Fisk（1955）在进行浅水三角洲和深水三角洲分类时，将指状沙坝（bar finger）作为深水三角洲的重要标志，认为在较深水条件下分流河道向河口卸载形成的河口坝砂体不易被改造，而是不断向前推进成为以河口坝为主的条带状砂体（分流河道发育于坝顶）（图1-3）。

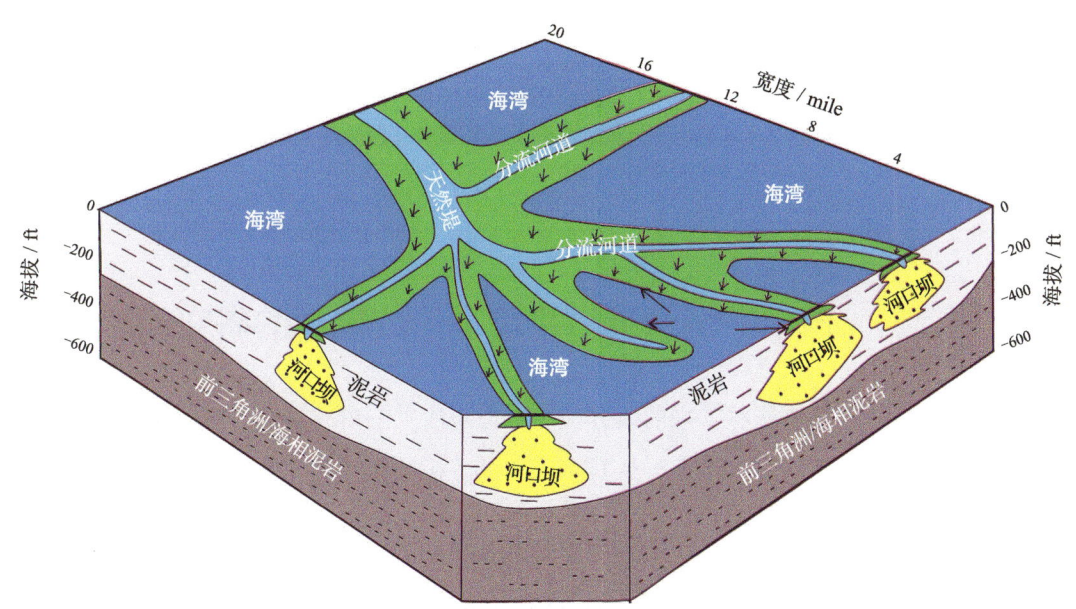

图1-3　深水三角洲指状沙坝的构型模式（据Fisk，1955，有修改）

实际上，在浅水条件下亦可形成和发育指状沙坝。Donaldson（1969，1974）研究美

国 Guadalupe 浅水三角洲现代沉积后发现，浅水三角洲也可以发育指状形态，进而根据平面形态差异将浅水三角洲分为指状（鸟足状）与连片状（朵状）两种。他认为，指状浅水三角洲一般由单个或多个伸长状的指状分支复合形成的，可以向盆地延伸较远的距离，指状分支间发育稳定的间湾沉积，这种指状分支砂体即为指状沙坝；而朵状浅水三角洲一般由连片状砂体复合而成，连片砂体内部不发育间湾沉积（图 1-4）。间湾沉积的存在与否是区分这两类浅水三角洲的关键。指状与朵状两类形态砂体是河控浅水三角洲下平原—前缘的两种主要形态类型。

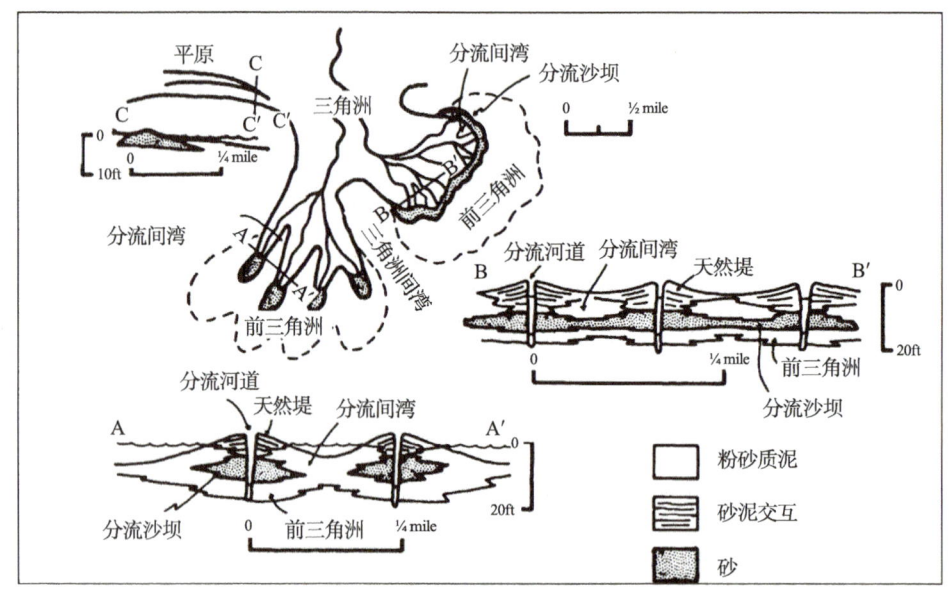

图1-4　朵状与鸟足状浅水三角洲形态及构型模式（据Donaldson，1974）

第二节　浅水三角洲沉积构型及形成机理的研究现状

前人针对浅水三角洲指状沙坝的研究较少，但对浅水三角洲其他类型砂体（尤其是分流河道）进行了系统的研究。本节将从浅水三角洲沉积构型、形成机理两个方面，介绍浅水三角洲的研究现状。

一、浅水三角洲沉积构型的研究进展

浅水三角洲的沉积构型与经典的较深水三角洲具有较大的差异。下面将从相带分布特征、沉积微相类型及平面分布样式、垂向叠置样式、定量规模四个方面概述浅水三角洲沉积构型的研究现状。

（一）相带分布特征

三角洲可划分为平原、前缘和前三角洲三个相带。三角洲平原位于湖平面之上，属于水上沉积；三角洲前缘位于湖平面与浪基面之间，属于水下沉积；前三角洲位于浪基面之下。在较深水、较陡坡环境下，一定程度上的湖平面的升降变化对湖盆岸线的顺源迁移影响不大。但是，在浅水环境下，湖盆的升降变化会导致湖盆岸线在顺源方向上快速迁移，那么，浅水三角洲的相带划分就需要考虑湖平面变化的影响。

前人提出了一种四分法的划分方案，将浅水三角洲相带划分为上平原、下平原、前缘和前三角洲（图1-5）。三角洲上平原，位于湖盆平均高水位之上，属于水上沉积，不受湖平面变化的影响；三角洲下平原，位于湖盆平均高水位与平均低水位之间，受湖平面变化影响较大；三角洲前缘，位于平均湖盆低水位以下及正常浪基面之上，仍为水下沉积；前三角洲，位于正常浪基面以下。在这种划分方案下，浅水三角洲表现为"大平原，小前缘"的相带特征（邹才能等，2008）。

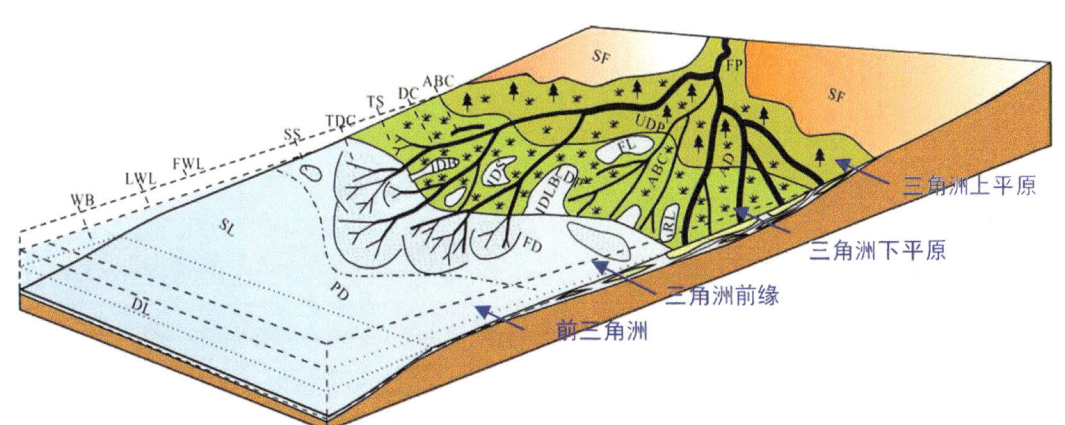

ABC—废弃河道；ABD—废弃三角洲朵体；AD—活动三角洲朵体；DC—分流河道；DF—三角洲前缘；
DL—半深湖—深湖；FL—河漫湖；FP—洪泛平原；FWL—洪水面；IDB—分流间湾；IDLB—三角洲朵体间湾；
IDS—分流间沼泽；LDP—下三角洲平原；LWL—枯水面；PD—前三角洲；RL—残余湖；SF—沉积底面；
SL—浅湖；SS—席状砂；TS—末端决口扇；TDC—末端分流河道；UDP—上三角洲平原；WB—浪基面。

图1-5 湖盆毯式浅水曲流河三角洲沉积模式（据邹才能等，2008）

另有一种四分相带划分方案，将浅水三角洲划分为平原、内前缘、外前缘和前三角洲。与上一种四分相带划分方案相比，前人将湖盆平均高水位与平均低水位之间的相带定义为三角洲内前缘（相当于前述方案的三角洲下平原）（李元昊等，2009；李洁等，2011；朱筱敏等，2013）。

这两种划分方案均有各自的合理性，但考虑到浅水三角洲高水位与低水位之间沉积区的沉积特征与三角洲平原沉积更相近，本书采用第一种四分方案，即将浅水三角洲划分为

上平原、下平原、前缘、前三角洲四种沉积亚相。

（二）沉积微相类型及平面分布样式

1. 浅水三角洲上平原的沉积微相类型及平面分布样式

浅水三角洲上平原发育分流河道、天然堤、决口扇等沉积微相，砂体以分流河道为主。

前人重点分析了分流河道的平面分布样式。例如，Olariu et al.（2006）根据分流河道的规模和发育部位，将分流河道划分3类，包括主河道、分流河道与末端分流河道。付晶等（2015）按平面分布位置和成因，将分流河道细分4种类型，包括深切分流河道、主干分流河道、汊道和末端分流河道（图1-6）。深切分流河道是在低位域时期河道强烈下切所形成的分流河道；主干分流河道是形成浅水三角洲的骨架砂体，其规模较大、下切能力较强、分布最广；汊道是洪泛时期主干分流河道满岸决口所形成的分流河道，其下切能力较弱、规模较小，首尾端与相邻主干分流河道相连，与主干分流河道共同组成了三角洲的网状平面形态；在三角洲分流体系的最外缘发育末端分流河道，相较于主干分流河道具有窄而浅、下切能力微弱的特征。

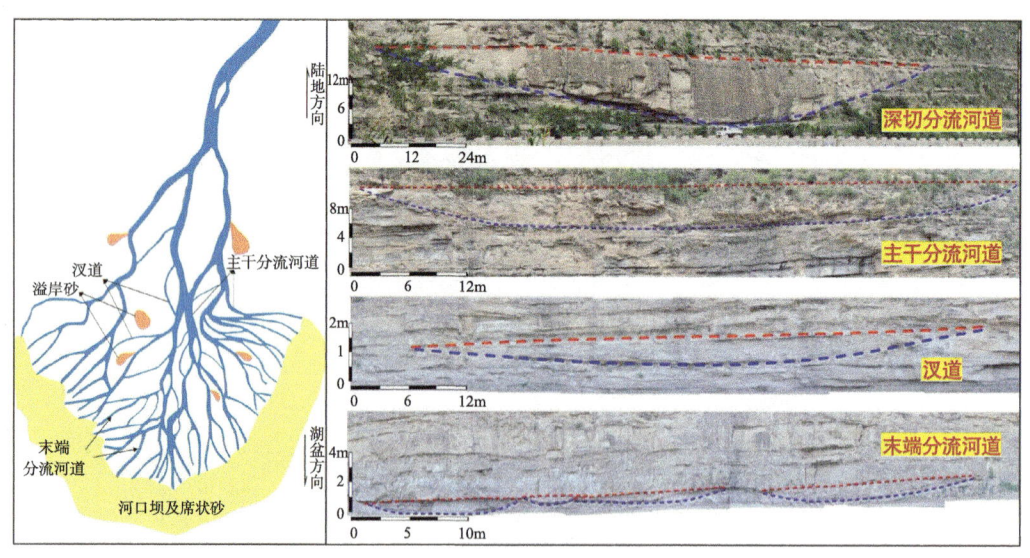

图1-6　浅水三角洲不同类型分流河道的露头特征（据付晶等，2015）

分流河道内部可识别水道、点坝（边滩）、心滩坝、汊口滩（图1-7）、并口滩（图1-7）等多种类型构型单元。分流河道内部发育的边滩可以呈不同形态，分别为直岸边滩、凸岸边滩和类心滩（李燕等，2016）。

2. 浅水三角洲下平原—前缘的沉积微相类型及平面分布样式

浅水三角洲下平原—前缘主要发育分流河道与河口坝沉积。针对分流河道，前人认为其分布特征与上平原相似。针对河口坝的认识，目前仍存在分歧。部分学者认为，在低可

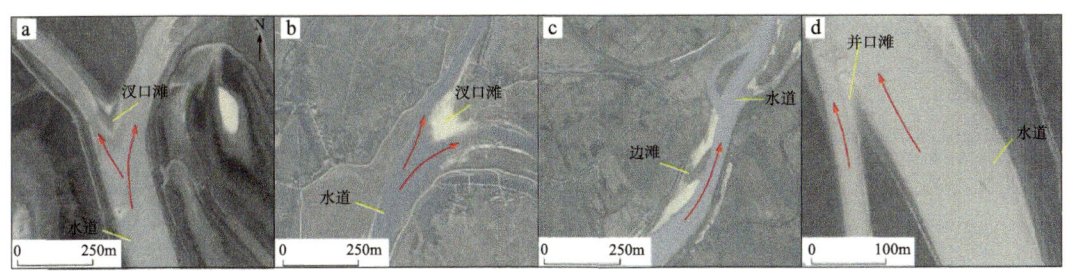

图1-7 赣江三角洲分流河道内的砂体类型（据金振奎等，2016）

容空间背景下，浅水三角洲的河道发育并且频繁分叉、改道，导致河口坝多被分流河道改造殆尽或以残余坝的形式分布于分流河道两侧（图1-8）（朱筱敏等，2012，2013，2023；张莉等，2017）。也有很多学者认为，随着分流河道向盆地方向不断延伸与分流，分流河道的下切与迁移能力不断减弱，分流河道对早期沉积砂体的改造程度不断减弱（图1-2a），因此，浅水三角洲前缘可发育河口坝沉积，向盆地方向河口坝的发育程度增加（Edmonds et al.，2011；冯文杰等，2017）。

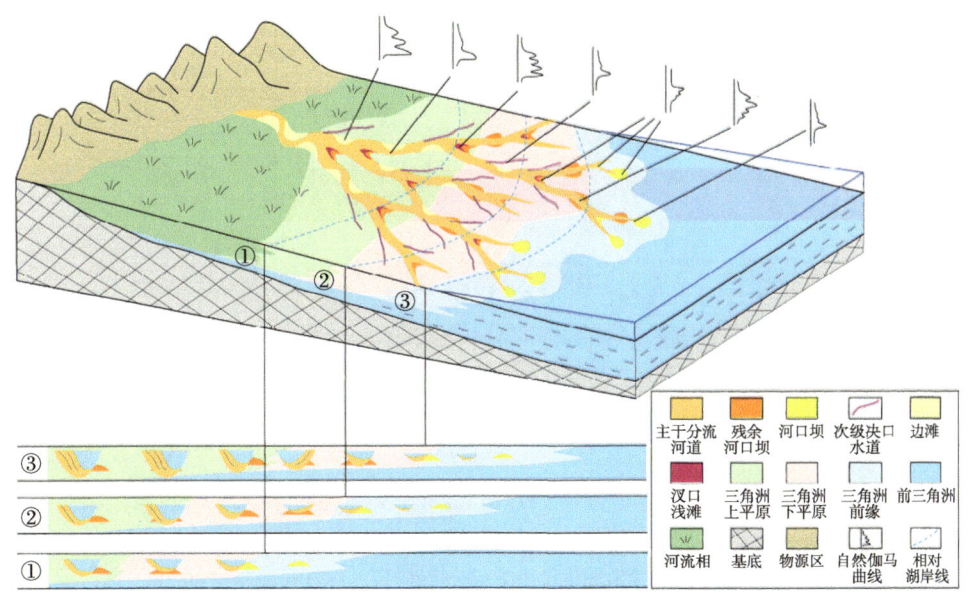

图1-8 乾安地区姚一段浅水三角洲沉积模式图（据张莉等，2017）

不考虑波浪与潮汐的影响，根据宏观形态，浅水三角洲下平原—前缘砂体可分为指状与朵状两种形态。针对指状砂体（如图1-4所示的Guadalupe三角洲），目前存在两种认识，一种观点认为是枝状分流河道型砂体，主体为分流河道与天然堤沉积，河口坝不发育（张昌民等，2010）；另一种观点认为是指状沙坝沉积，由分流河道、河口坝及上覆天然堤组成，其间由分流间湾相隔（Fisk，1955）。

　　针对朵状砂体，前人多认为是分流沙坝型，主要由分流河道、河口坝组成，天然堤的发育程度变低，河道可发育多级分流从而形成复杂的分流河道体系，分流河道的间距很小，其间的河口砂体呈连片状分布，如近代密西西比河三角洲（图1-3）、沃克斯湖三角洲（图1-9）、阿拉法拉亚三角洲（图1-10）等。图1-9中蓝色实线指示着水下河口坝的分布，等值线为截面的沉积物质量通量，单位为 g /（s•m²），水平与垂向标尺单位均为 m。

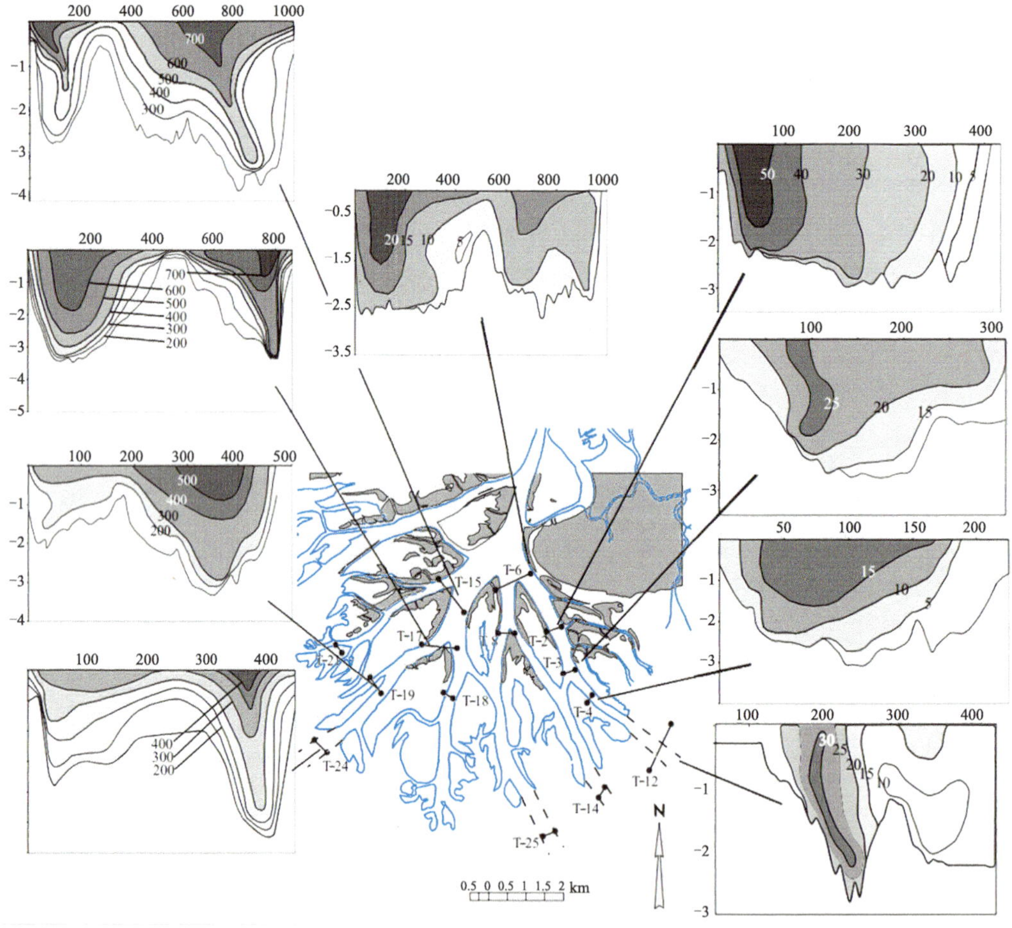

图1-9　沃克斯湖三角洲平面分布及剖面特征（据Dumars，2002）

（三）垂向叠置样式

　　考虑到不同的河型及砂体的空间组合关系，平原分流河道可划分为非典型辫状河型、非典型曲流河型和过渡型，存在着五种分流河道的基本叠置模式（贺婷婷等，2014）。根据分流河道砂体之间的相互关系，可将河道砂体构型分为叠拼式、侧拼式和孤立式，其中叠拼式进一步分为完全叠拼型、不完全叠拼型和交错叠拼型，侧拼式进一步划分为侧切型和似侧切型（图1-11）（金振奎等，2014b）。根据分流河道垂向与侧向的叠置关系，可分为侧向拼接—垂向切叠式、侧向拼接—垂向叠加式和孤立式三种组合样式（付晶等，2015）。

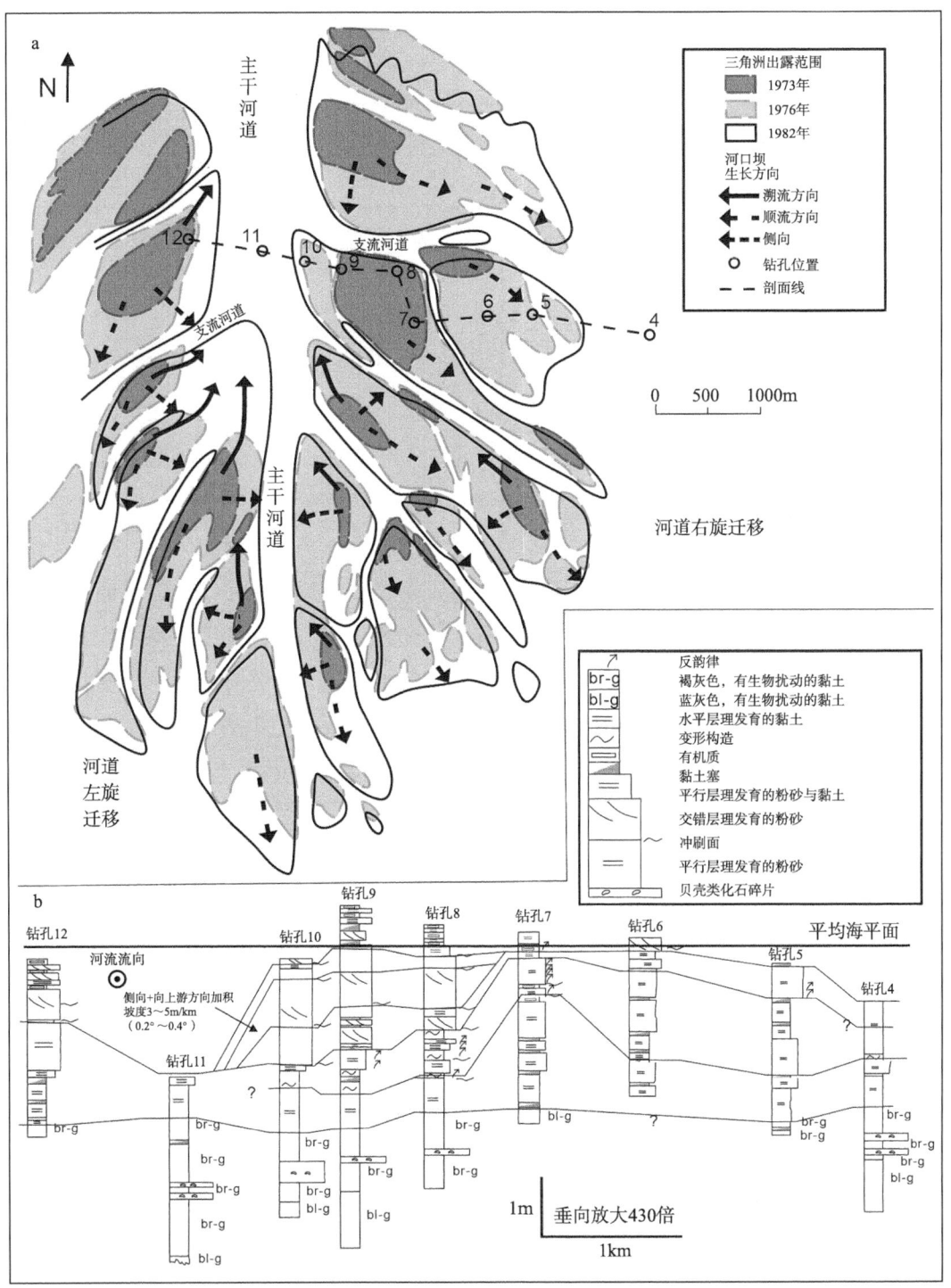

图1-10 阿拉法拉亚三角洲平面分布及剖面特征（据van Heerden，1983）

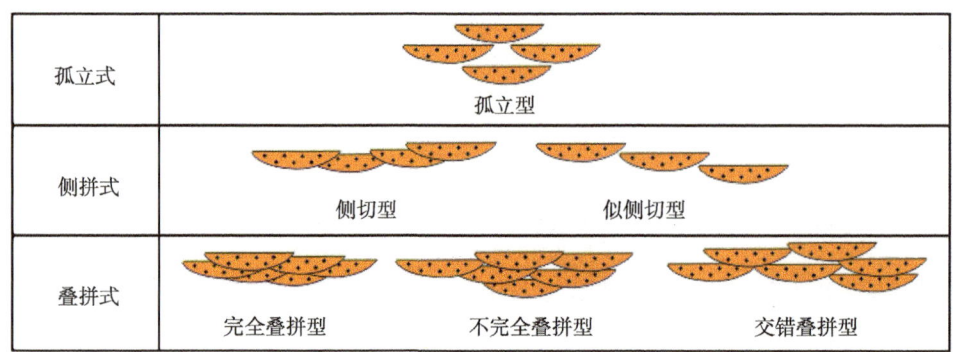

图1-11　山西柳林河道砂体构型类型（据金振奎等，2014b）

（四）定量规模

理论上，由于构型单元规模与沉积体系规模息息相关，因此，同一沉积相形成的同一构型单元的绝对规模可能相差很大，但是构型单元的垂向信息（尤其是厚度）与侧向规模多具有一定的比例关系。国内外许多学者通过测量现代沉积与露头砂体几何形态、大小，对河流—三角洲构型单元垂向规模与侧向规模进行定量研究。

Olariu et al.（2006）对俄罗斯 Lena 河三角洲分流河道宽度与河道分叉级数的关系进行了定量研究，认为随着分叉级数增加，分流河道的宽度逐渐减小。金振奎等（2014b）也对山西柳林二叠系分流河道规模进行了分析，认为分流河道的宽度与厚度呈线性正相关关系。付晶等（2015）应用全站仪测量野外露头单一成因分流河道的绝对规模，得到了不同类型分流河道宽度及厚度数据，并进一步分析它们之间的关系，发现除了深切分流河道之外，其他类型分流河道宽度与厚度呈正相关双对数关系（相关系数达 0.95）（图 1-12）。

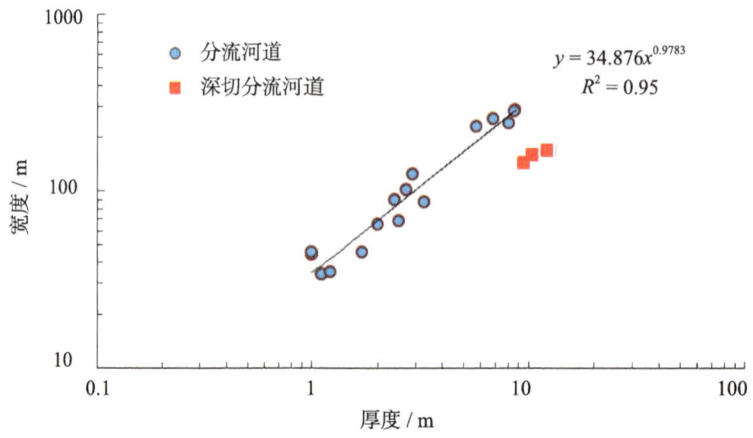

图1-12　山西柳林露头剖面中浅水三角洲分流河道宽度与厚度关系图（据付晶等，2015）

谢爽慧等（2024）基于露头资料，分析了不同类型浅水三角洲的分流河道规模差异特征。其中，以冲积扇为供源体系的浅水三角洲多为粗粒沉积物，形成的分流河道规模小，以曲流河或辫状河为供源体系形成的三角洲分流河道规模更大；稳定的坳陷湖盆利于大规模三角洲的形成，而前陆盆地、断陷盆地形成的三角洲分流河道规模较小，强河流作用与弱湖泊改造作用易形成"窄而厚"的分流河道，弱河流作用与强湖泊改造作用易形成"宽而薄"的分流河道。分流河道的宽度与厚度具有较好的指数正相关关系。李强强等（2024）认为湖平面变化影响着三角洲前缘砂体的规模，在物源供给变化较小时，湖平面升高会导致砂体规模减小、宽厚比增加。陈贺贺等（2023）发现，水系沉积物通量较小时，分流河道的宽度、厚度均明显减小。

二、浅水三角洲形成机理的研究进展

前人对浅水三角洲的形成条件、控制因素及沉积过程进行过较为深入的研究。

（一）浅水三角洲形成条件及控制因素

浅水三角洲的地貌及沉积特征受到盆地特征（盆地坡降、水深等）与供源河流特征（河道规模、供给河道流量、河流携带的泥沙粒度及黏度等）的共同影响。

前人通过沉积数值模拟分析认为，供源河流流量的变化会影响原有的浅水三角洲稳定状态（Edmonds et al.，2009），随着河流流量的减少，原有的分流河道开始呈比例地废弃，分流河道的数量不断减少（图1-13a）；当河流流量增加60%时，新的分流河道会形成（图1-13b）。

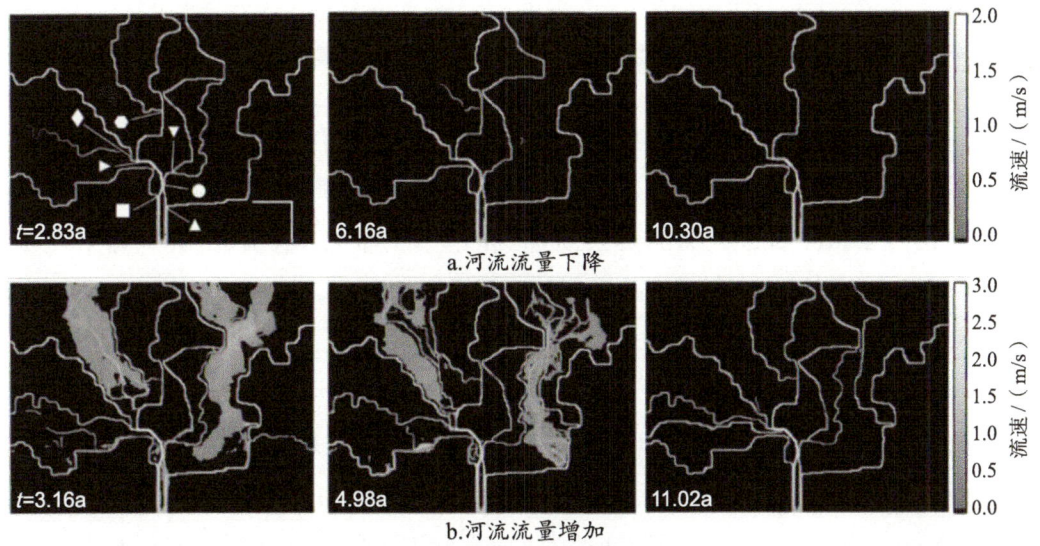

图1-13 不同河流流量变化下的三角洲流速的平面变化图（据Edmonds et al.，2010）

河流携带沉积物粒度与黏度影响着浅水三角洲的地貌形态，携带高黏度、低砂泥比、细粒度沉积物的河流入海（湖）后易发育指状三角洲，形成粗糙的岸线与复杂的平原分布，如图 1-14i 所示；而携带低黏度、高砂泥比、粗粒度沉积物的河流入海（湖）后容易形成朵状三角洲，形成光滑的岸线与相对简单的平原分布，如图 1-11a 所示（Edmonds et al.，2010；Caldwell et al.，2014；Burpee et al.，2015）。河流供给中，黏性越低、砂质含量越高、粒度越粗，三角洲分流河道数量越多，浅水三角洲越容易呈朵状形态（图 1-14）。

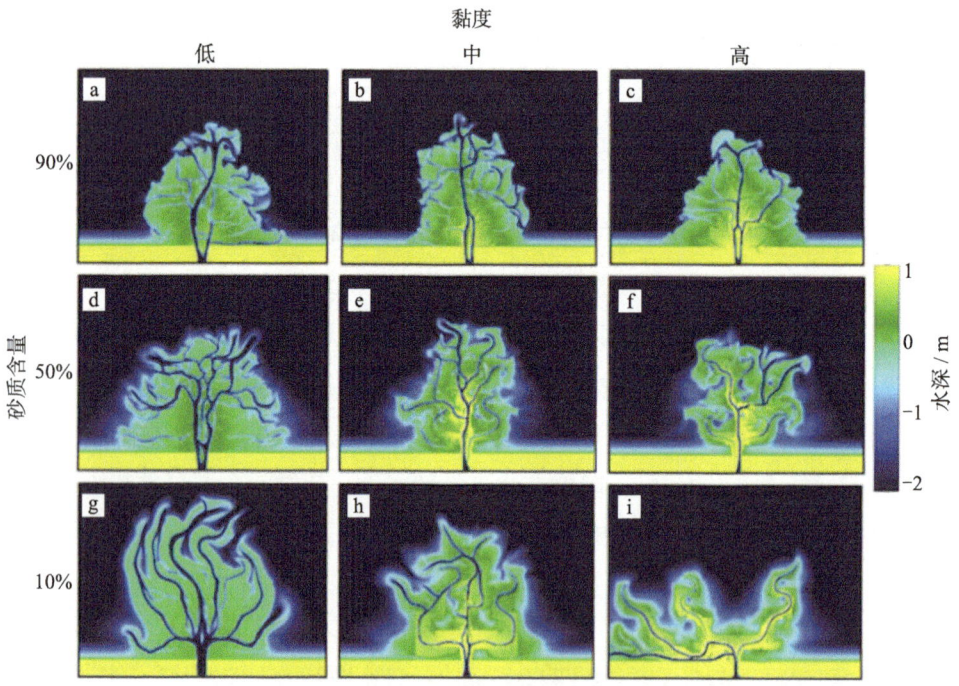

图1-14　不同砂泥比与黏度情况下的浅水三角洲沉积数值模拟结果（据Burpee et al.，2015）

植被的发育有利于指状形态浅水三角洲的形成，原因有两方面：一是植物的发育影响着水流与沉积底形之间的摩擦力，植被越发育，两者之间的摩擦力越大，水流越容易集中于河道中（Caldwell et al.，2014）；二是植物的发育对水流具有明显的阻碍作用，河口坝之上的植物越密、越高，对水流的阻碍越明显（图 1-15b），水流越集中于分流河道中（图 1-15c）（Nardin et al.，2014，2016）。

盆地水深同样影响着浅水三角洲的地貌形态。在相对深水的盆地，分流河道更为稳定，浅水三角洲容易呈进积式的鸟足状（指状）；而相对浅水的盆地更容易发育复杂的分流河道网络，形成连片状的浅水三角洲（Storms et al.，2007；Wang et al.，2019）。湖盆水深变化影响着浅水三角洲的平面分布范围与叠置砂体厚度，在水位上升的过程中，浅水三角洲发生退积，平面分布范围变小，多期砂体发生叠置形成厚层砂体；在水位下降的过程中，沉积物不是在前期沉积体前端进积，而是在前期沉积体的两侧堆积，平面分布范围逐渐扩大，砂体厚度变薄；在水位稳定的情况下沉积物主要向四周沉积，形成连片砂体，砂体厚度稳定（曾灿等，2017）。气候导致的湖平面或者海平面升降变化也影响着浅水三角洲的地貌形态（楼章华等，1999；Hariharan et al.，2022；马福康等，2024）。

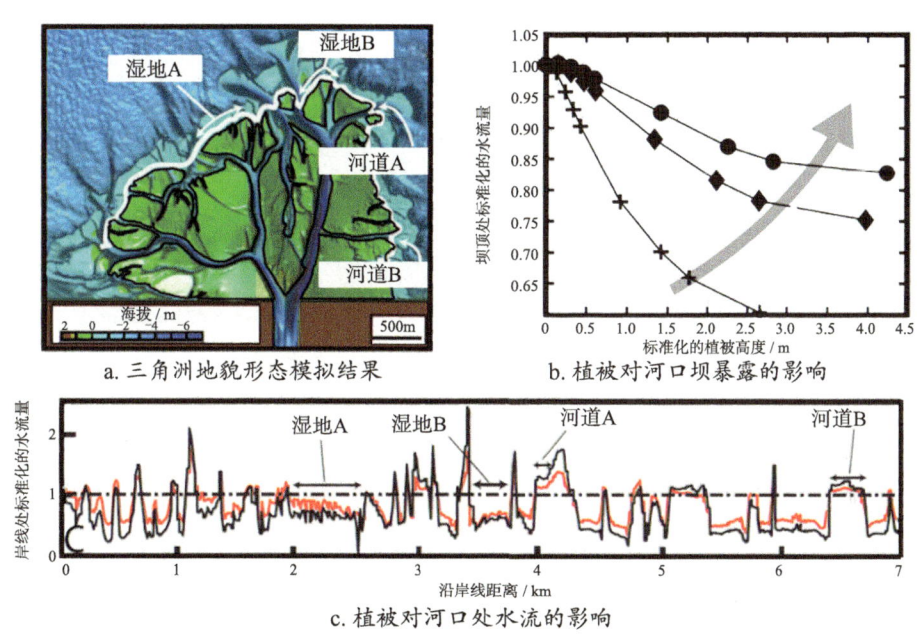

a. 三角洲地貌形态模拟结果
b. 植被对河口坝暴露的影响

c. 植被对河口处水流的影响

图1-15　植被对三角洲地貌形态的影响（据Nardin et al.，2014）

盆地能量，如波浪与潮汐作用，对浅水三角洲的形态具有十分重要的影响。波浪的作用会使三角洲的岸线更加平缓，导致浪控三角洲呈拱状；潮汐的作用会增加岸线的糙度，使三角洲呈多分支的伸长指状；而潮汐主控的三角洲多呈喇叭状（Geleynse et al.，2011；Elmilady et al.，2022；Matsoukis et al.，2023）。

（二）浅水三角洲的沉积过程

Bates（1953）最早从水动力学角度分析了三角洲的沉积过程，将喷流（jet）的基本理论引入到了三角洲的沉积学研究中，用非限定性的喷流来解释三角洲河口处的水流特征（图1-16），这一理论对三角洲的沉积过程分析十分重要。

在河口处，河流内部沉积物的卸载方式主要有两种，一种是在喷流边缘卸载，形成水下天然堤；另一种是在喷流前端卸载，形成河口坝沉积，可分布在河口处或河道末端处向前的一段距离内。天然堤的沉积能够抑制河道的分流与决口，而河口坝的沉积能够促进河道分流，河控三角洲（包括河控浅水三角洲）主要是通过这两类沉积作用进行建造的（Falcini et al.，2015；Fagherazzi et al.，2015）。

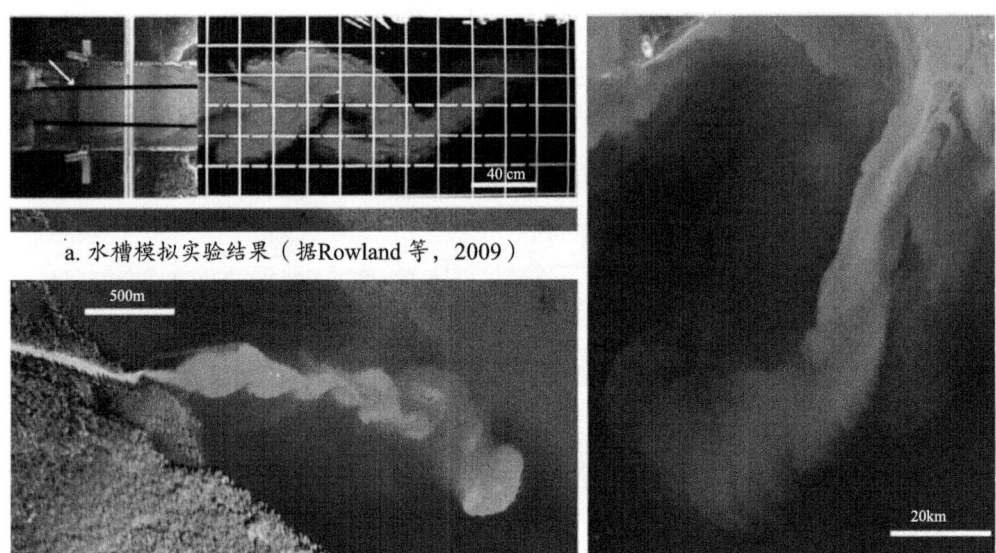

a. 水槽模拟实验结果（据Rowland 等，2009）

b.密西西比河下游的一个牛轭湖中的喷流照片   c.密西西比河西南分支流入墨西哥湾中的喷流

图1-16   不同的河口喷流实例（据Falcini et al.，2010）

Wright（1977）从力学角度讨论了河口处喷流差异特征的控制因素。他认为在忽略波浪与潮汐作用的情况下，控制三角洲形成的三种基本作用力包括惯性力、摩擦力与浮力。其中，惯性力导致喷流表现为小的侧向传播角，形成窄的河口坝、伸长的河道；摩擦力导致喷流快速的减速和侧向扩张，河道会频繁分流；细粒沉积和深河口会使得浮力起主导作用，形成窄河口坝、伸长的河道与天然堤。

Orton et al.（1993）在此基础上，分析不同沉积物供给情况下三角洲沉积过程的动力学机制，建立了不同沉积粒度供给的三角洲沉积动力模式，即细粒的悬移质沉积物为主的水流表现为浮力、惯性力为主的沉积动力模式；沙质的悬移质与推移质并存的水流表现为以摩擦力为主的沉积动力模式；砾石质的推移质沉积物为主的水流或质量流表现为重力流为主的沉积动力模式。

对于浅水三角洲而言，弱波浪与潮汐作用、强河流作用、细粒沉积和深水河口会形成惯性力或浮力为主的喷流，形成指状三角洲；弱河流作用、粗粒沉积和浅水河口，会形成摩擦力为主的喷流，形成朵状三角洲（Orton et al.，1993；Edmonds et al.，2008）。

河口坝的加积与前积对浅水三角洲的沉积过程影响很大。前人根据水槽实验，提出了浅水三角洲沉积的四个过程（Edmonds et al.，2007）：（1）河流流入浅水盆地中，先会在水流两侧形成水下天然堤沉积，并在水流前端形成小的河口坝沉积；（2）水下天然堤不断向盆地延伸，河口坝随之向盆地前积或加积；（3）河口坝停止进积，水下天然堤继续向盆地方向延伸；（4）河口坝接近水面，开始加宽，形成典型的水上河口坝。

前人认为河口坝的前积是因为河口坝的存在造成了其上水流加速，水流会冲蚀河口坝的迎水面，其背水面不断沉积，边缘的水下天然堤也会不断向盆地延伸（Edmonds et al.，2007）。当河口坝生长到能够阻碍水流时，水流发生分流并开始侧向侵蚀河口坝，河口坝停止生长。在河口坝之上的水深小于或等于 40% 的河口水深时，河口坝便停止前积了。河口坝的剪切应力会使得水流明显减速，河口坝开始不断加积并露出水面。

河口坝的生长（包括加积、前积、侧向迁移）主要发生在高水位期，并且以沙质沉积为主；随着水位下降，河口坝之上的水深减小，河口坝主要发生侧向迁移并以泥质沉积为主；低水位期，河口坝暴露水上并停止生长，表面泥质沉积发生固结（Esposito et al.，2013）。

前人研究认为，河口坝的前积生长存在一个极限。Bates（1953）提出一个假设，在分流河道末端到河口坝极限生长点之间的距离存在一个均衡大小，大约是四个河道宽度的距离。Wright（1974）反驳了这个观点，他通过统计发现，河口坝的延伸距离平均是 10 个河道宽度。后来学者们发现河口坝的长度与河道流速、深度、宽度呈正比，与沉积物的沉降速度、粒度成反比（Edmonds et al.，2007）。Canestrelli et al.（2014）指出，河口坝的延伸长度与喷流的动量通量、喷流稳定指数具有函数关系。

在河口坝与水下天然堤形成之后，随着浅水三角洲不断向盆地延伸，早期的前缘沉积逐渐被平原沉积覆盖，三角洲平原内的分流河道往往切穿三角洲前缘与前三角洲沉积体，并经过反复的侧向迁移、向前延伸、废弃—充填、改造，形成分流河道复合体（冯文杰等，2017）。

三、存在的科学问题

学者们曾对湖盆浅水三角洲中的朵状沙坝和席状沙坝进行了系统的研究。对于指状沙坝的研究又集中于较深水三角洲中，并以鸟足状的密西西比河三角洲为典型代表。迄今，前人对浅水三角洲中发育的指状沙坝研究较少，对浅水三角洲指状沙坝的构型研究仅限于 Donaldson（1974）提出的构型模式，尚存在以下几个方面的科学问题：

（1）浅水三角洲指状沙坝的平面组合样式及形成条件尚不清楚。前人更多地关注鸟足状的指状沙坝（Fisk，1955；Donaldson，1974），但在现代浅水三角洲沉积中表现出更为多样的沙坝平面组合样式，目前没有相对系统的平面组合样式的分类方案，缺乏沙坝不同组合样式的形成条件研究。

（2）浅水三角洲中的指状沙坝几何特征及其控制因素缺乏研究。前人虽然对浅水三角洲平原分流河道的几何学特征进行了深入研究（Olariu et al.，2006；付晶等，2015），但对浅水三角洲指状沙坝的几何学特征（弯曲度、延伸长度、宽度等）缺乏定量表征，其控

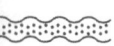

制因素及其定量控制作用尚不明确。

（3）浅水三角洲指状沙坝内部构型及控制因素亟须研究。前人对以现代密西西比河三角洲为代表的深水三角洲指状沙坝内部构型进行了系统的研究（Fisk，1955；Olariu et al.，2016），但是浅水三角洲的指状沙坝内部构型（形态特征、分布样式、规模及接触关系）缺乏定量表征，其构型的控制因素尚不清楚。

鄱阳湖内广泛发育浅水三角洲指状沙坝沉积，主要集中于赣江浅水三角洲中，样式丰富，便于勘测。针对上述科学问题，本书将以鄱阳湖赣江浅水三角洲为研究对象，分析湖盆浅水三角洲指状沙坝的宏观分布特征、几何学特征、内部构型及形成机理。

第二章 鄱阳湖概况

鄱阳湖是中国面积最大的淡水湖泊，承纳赣江、抚河、信江、饶河、修河五大江河及博阳河、漳田河、潼津河等区间来水，经调蓄后在湖口注入长江。其中，赣江的流量最大，在鄱阳湖西岸形成了大面积的赣江三角洲沉积。本章主要介绍鄱阳湖地质概况与赣江三角洲的沉积背景。

第一节 地理与构造

鄱阳湖位于江西省北部，构造上属于鄱阳盆地，经历了多期构造演化过程。本节将简要介绍一下鄱阳湖的地理位置、构造位置与构造演化。

一、地理位置

鄱阳湖位于江西省北部、长江南岸，整体略似葫芦状，南北长约 110km，东西宽 50～70km，洪水期水域面积超过 4000 km² （吴桂平等，2015）。鄱阳湖以松门山为界，分为南、北两个湖区，北部通江水道受两侧山地地形约束，水域狭长、水体深度大，宽 3～6km；向南过永修县松门山，水域变宽、水体变浅，总体宽 60～70km，是湖区主体（图 2-1）。

二、构造

（一）构造位置

鄱阳湖位于鄱阳盆地南部。鄱阳盆地因鄱阳湖区发育于盆地而得名。鄱阳湖区形成、发育时间晚，地质构造研究多以鄱阳盆地为研究对象。鄱阳盆地位于扬子板块中部，北临秦岭—大别山造山带（江南造山带东段），南靠华南褶皱系；而以地质力学观点看，鄱阳

盆地属新华夏构造体系中的第二个沉降带（任纪舜，1990）。现今鄱阳盆地可划分出三个一级构造单元，南鄱阳坳陷、北鄱阳坳陷与长山隆起共同形成"两坳夹一隆"的基本格局（梁兴等，2006；杨晓东等，2016）（图2-2）。鄱阳湖主体位于南鄱阳坳陷内，其形成与南鄱阳坳陷一级构造单元下的南昌凹陷密切相关。

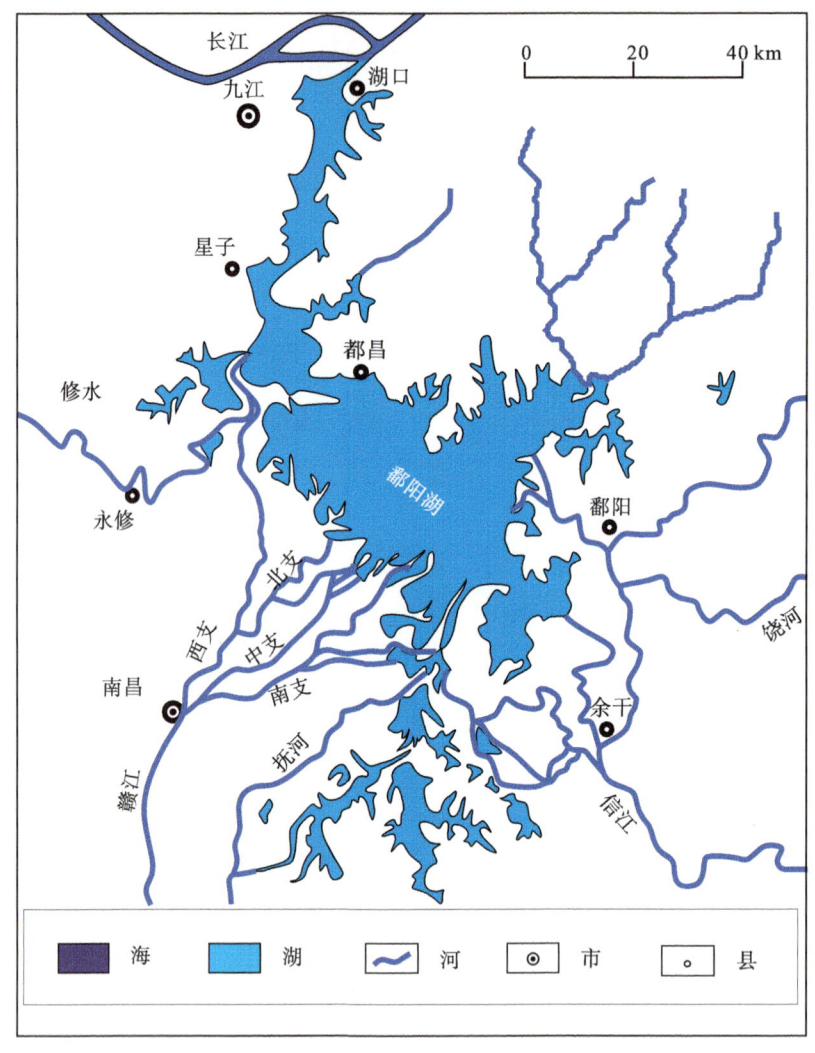

图2-1 鄱阳湖位置图（据Shankman et al.，2010）

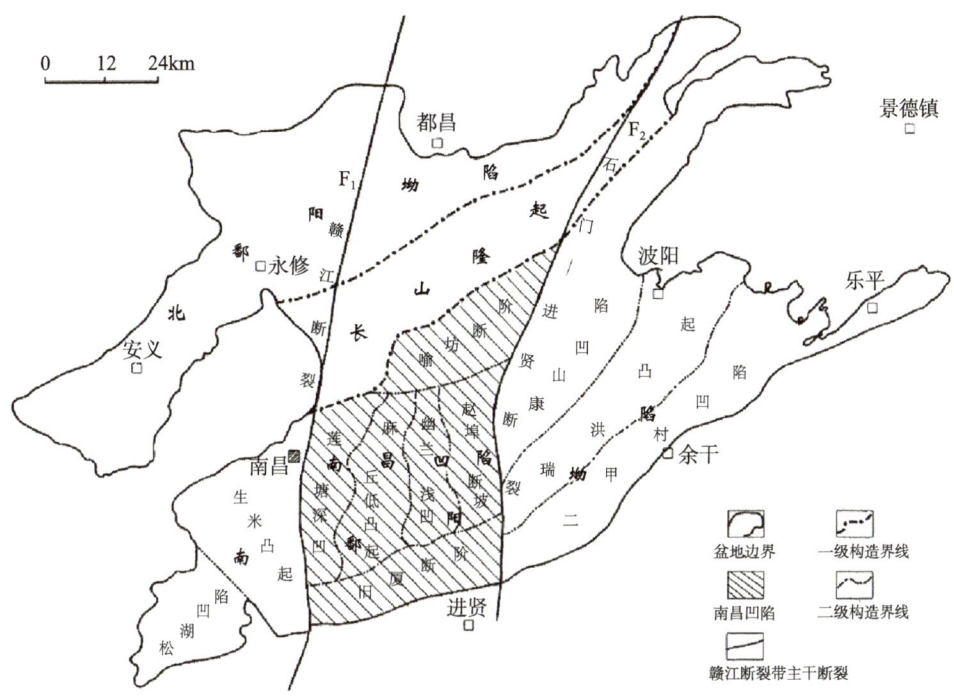

图2-2　鄱阳盆地基本地质构造格局（据周松源等，2005）

（二）构造演化

鄱阳湖附近区域构造复杂，这与早期地质构造格局及新构造运动（中新世以来的地壳运动）密切相关。中生代晚三叠世至白垩纪的燕山运动形成的北东东向新华夏体系、北东向华夏体系及东西向构造，形成了早期的构造格架。晚白垩世，盆地接受沉积，而部分区域（长山隆起及南鄱阳凹陷）遭受不同程度剥蚀（杨晓东等，2016）。白垩纪末期至古近纪，鄱阳盆地以间歇性断块升降运动为主，西侧庐山、东侧湖口—都昌以东地区以抬升为主，鄱阳盆地以断块下降为主，这种断块差异运动在周围区域形成了一系列断陷盆地（黄第藩等，1965）。古近纪末期至新近纪，盆地隆起，形成起伏的山间盆地，丘陵、山地等凸起地形发育，鄱阳湖轮廓大体确定（邓平等，2003）。新构造运动以来，区内北北东向主活动断裂及北东、北西和近东西向的断裂控制了鄱阳湖盆地的发展演化，且以间歇性、不等量升降运动为特征。

前人认为，鄱阳盆地的形成经历了三个演化阶段（周松源等，2005；杨晓东等，2016；陈炳贵，2016）：早白垩世，左旋走滑性质的赣江大断裂控制了早期拉分盆地的形成，造就鄱阳湖沉积盆地的雏形；晚白垩世—古近纪伸展构造控制下，盆地开始接受沉积，断陷湖盆发育、稳定扩张；新近纪后，盆地受挤压作用发生萎缩，盆地逐渐由断陷转为整体坳陷，在南昌—鄱阳湖一带形成了鄱阳湖沉降区（图2-3）。

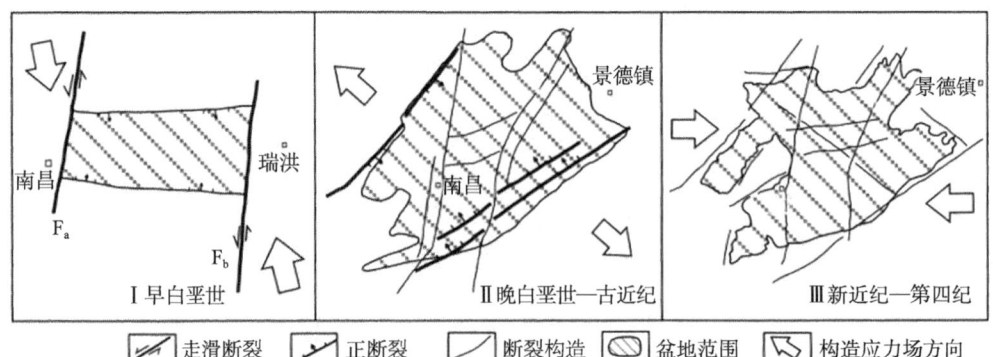

Ⅰ—早白垩世拉分盆地雏形出现；Ⅱ—晚白垩世—古近纪盆地稳定扩张阶段；Ⅲ—新近纪—第四纪盆地萎缩，呈整体坳陷阶段，受多条断裂影响；F_a—赣江断裂；F_b—进贤—石门街断裂。

图2-3 鄱阳盆地演变简图（据杨晓东等，2016）

第四纪之后，鄱阳盆地主要受到新构造运动的影响（黄第藩等，1965；杨晓东等，2016）。盆地区由于地壳水平挤压松弛引起的均衡调整作用，地壳以垂直升降运动为主，差异性断块活动明显。区内的新构造运动主要表现为断裂活动的继承性和新生性。在早更新世初期，随着新构造运动的来临，鄱阳湖盆地发生极为强烈的块断运动，导致开始强烈断陷，湖泊水域极度扩展，出现了第一个全盛时期。早更新世中期至晚期，新构造运动活动较弱，盆地的地形高差逐渐削弱或变小；中更新世初期，第二次强烈的新构造块断运动来临，湖盆又重新开始强烈断陷；中更新世中期的后半段时间开始，地形起伏减弱，湖盆演化中迎来了第二个全盛时期；晚更新世，盆地出现第三次块断差异运动，幅度较小，并带有普遍抬升的特征，此时，鄱阳湖泊消失。在全新世，鄱阳盆地出现了第四次块断差异运动，导致湖盆虽小，受阶地所限，在全新世中期后，现代鄱阳湖基本成型。第四纪以来，鄱阳湖区的新构造运动演化与块断差异运动曲线如图2-4所示（黄第藩等，1965）。

在上述构造作用控制下，鄱阳盆地发育3大断裂系（梁兴等，2006；杨晓东等，2016；吴富江，2016），包括北北东向（如九江—靖安断裂）、北东向—北东东向（如宜丰—新建断裂、武宁—铜鼓断裂）、北西向（如抚河断裂和余干—鹰潭断裂）（图2-5）。鄱阳湖边界明显受控于断裂的影响，北西向的余干—鹰潭断裂（图2-5断裂⑤）控制着鄱阳湖区的南界，北西向的余干—婺源断裂（图2-5断裂⑧）控制着鄱阳湖区的东北界，北北东向的赣江断裂（图2-5断裂③），与湖区北部狭长的入江水道走向一致，控制着鄱阳湖区的西北部边界。

综上所述，鄱阳盆地自中生代以来，经历了复杂的构造运动，导致形成了多组断裂，盆地也发生了多次断陷并逐渐转为坳陷。在经历多个湖盆扩张、萎缩的演化过程，现代鄱阳湖在全新世中期后基本成型。现今，鄱阳湖区的构造活动程度较弱，南昌—鄱阳湖一带表现为缓坡地形，坡度仅为 0.01° 左右，鄱阳湖区的底形高差多小于 10m（图 2-6），底形坡度小于 0.1°（金振奎等，2014a）。

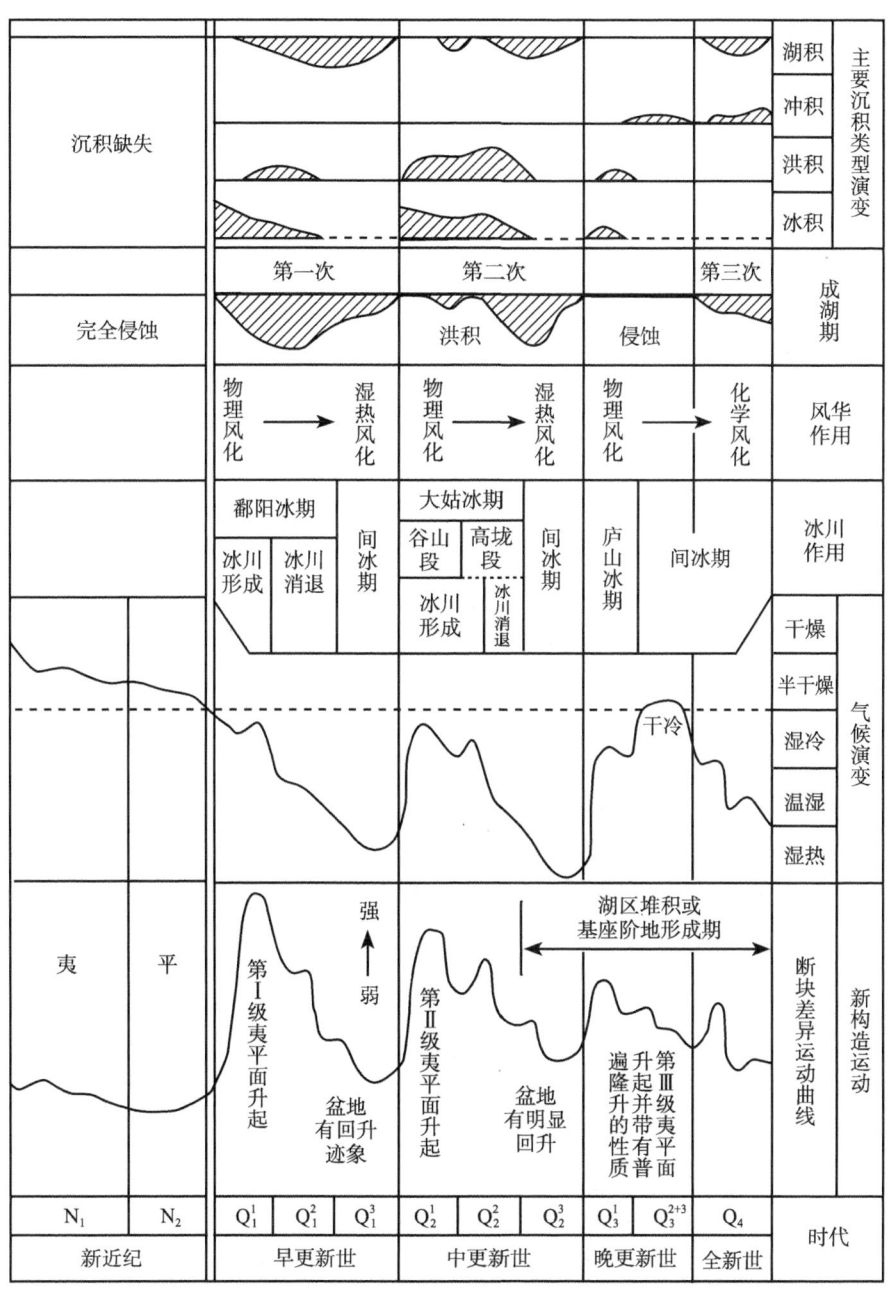

图2-4　鄱阳湖的形成与发展图解（据黄第藩等修改，1965）

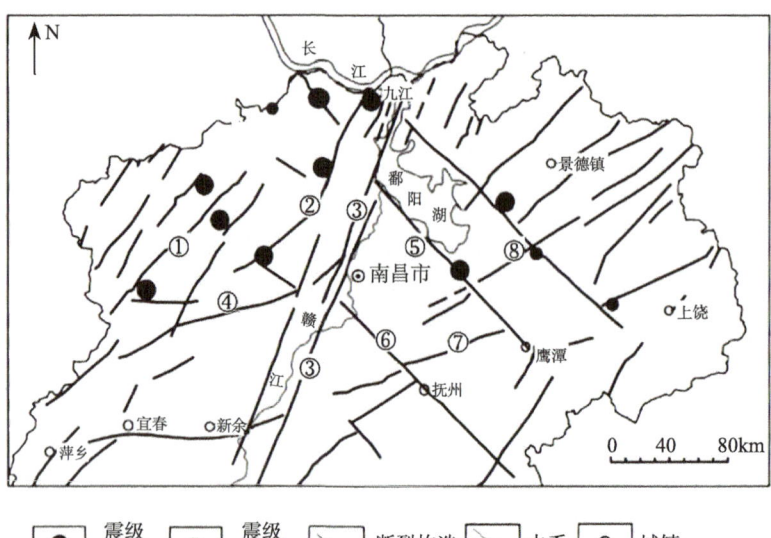

①—武宁—铜鼓断裂；②—九江—靖安断裂；③—湖口—吉安断裂(赣江断裂)；④—宜丰—新建断裂；
⑤—余干—鹰潭断裂；⑥—抚河断裂；⑦—宜春—东乡断裂；⑧—余干—婺源断裂。

图2-5 鄱阳湖区周缘构造断裂与地震分布简图（据杨晓东等，2016）

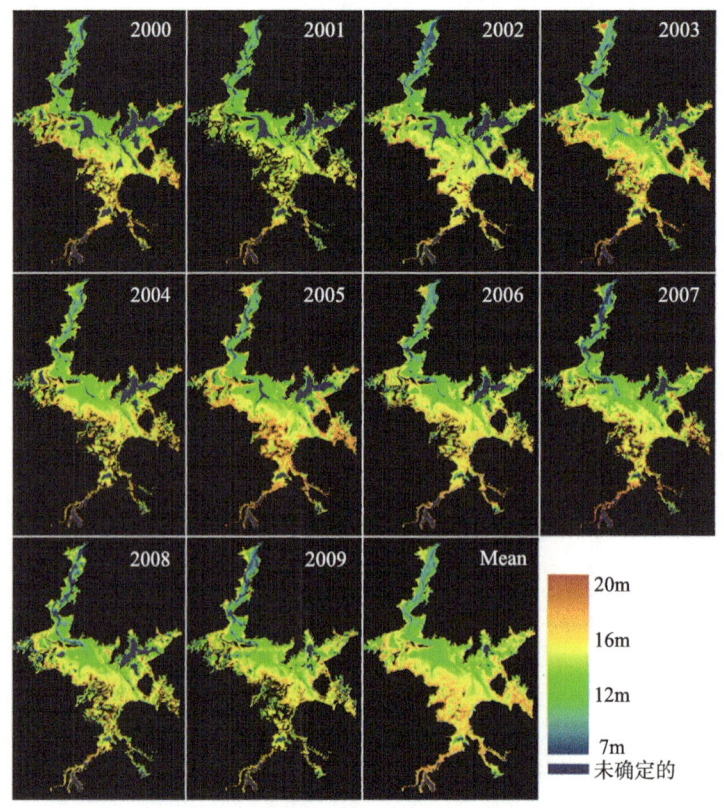

图2-6 2000—2009年的鄱阳湖湖底地形图（据冯炼，2016）

（以吴淞基准面为参考平面）

第二节 沉积体系

鄱阳盆地在新近纪基本成型，冰期融水促使地表径流变大，更新世"五大河"水系形成及发展，使湖区附近及"五大河"河谷区形成了冲积相、洪积相沉积（图2-4）（黄第藩等，1965）。前人基于浅钻孔及 ^{14}C 测年资料发现，全新世之后，鄱阳湖区主要发育3大类沉积体系（张春生等，1996），依次为冲积扇—扇三角洲体系、河流体系及三角洲体系（表2-1），总沉积厚度多介于 15～40m（图2-7 至图2-9）。本节重点介绍全新世以来鄱阳盆地沉积体系的概况。

表2-1　各沉积体系时间域（据张春生等，1996）

沉积体系	时间域 /a
冲积扇—扇三角洲	12000—4100
辫状河	4100—2000
曲流河	2000—1700
破坏型三角洲	1700—250
建设型三角洲	250 至今

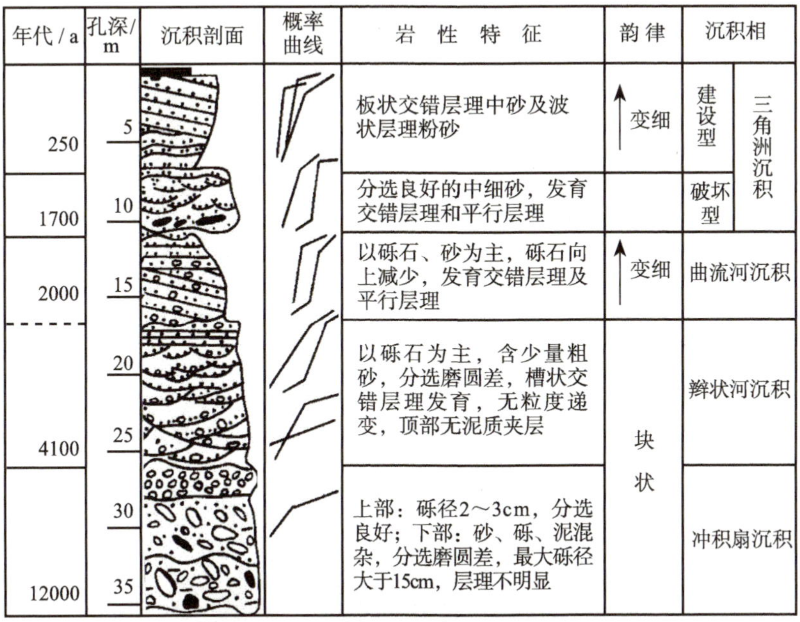

年代 / a	孔深/ m	沉积剖面	概率曲线	岩 性 特 征	韵 律	沉积相	
250	5			板状交错层理中砂及波状层理粉砂	变细	建设型	三角洲沉积
1700	10			分选良好的中细砂，发育交错层理和平行层理		破坏型	
2000	15			以砾石、砂为主，砾石向上减少，发育交错层理及平行层理	变细	曲流河沉积	
4100	20 25			以砾石为主，含少量粗砂，分选磨圆差，槽状交错层理发育，无粒度递变，顶部无泥质夹层	块状	辫状河沉积	
12000	30 35			上部：砾径2～3cm，分选良好；下部：砂、砾、泥混杂，分选磨圆差，最大砾径大于15cm，层理不明显		冲积扇沉积	

图2-7　鄱阳湖西侧钻孔垂向沉积剖面（据张春生等，1996）

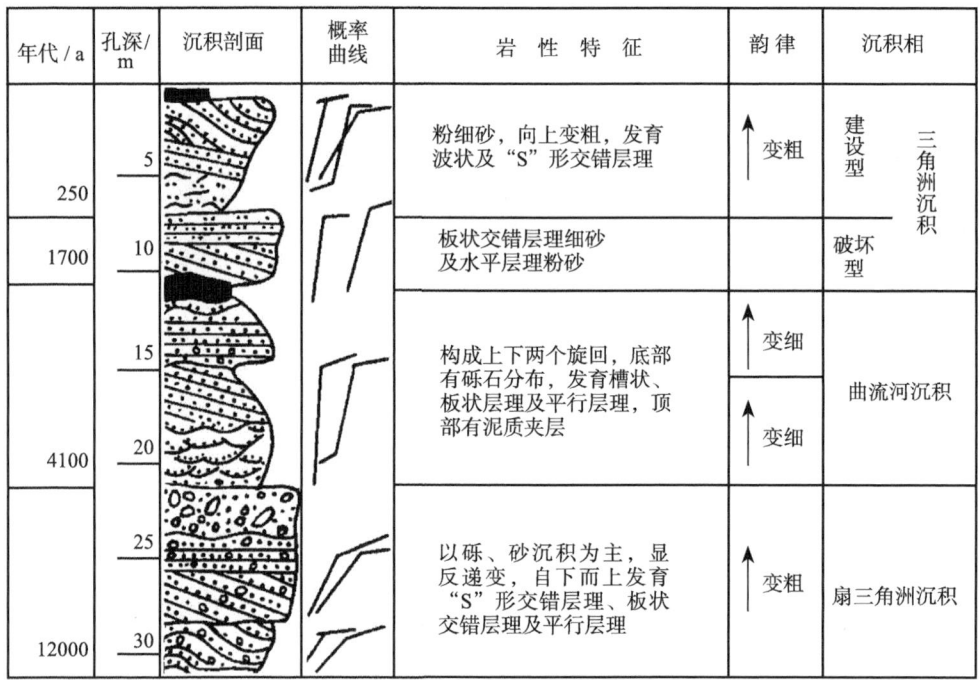

年代/a	孔深/m	沉积剖面	概率曲线	岩 性 特 征	韵律	沉积相	
250	5			粉细砂，向上变粗，发育波状及"S"形交错层理	↑ 变粗	建设型	三角洲沉积
1700	10			板状交错层理细砂及水平层理粉砂		破坏型	
4100	15 20			构成上下两个旋回，底部有砾石分布，发育槽状、板状层理及平行层理，顶部有泥质夹层	↑ 变细 ↑ 变细	曲流河沉积	
12000	25 30			以砾、砂沉积为主，显反递变，自下而上发育"S"形交错层理、板状交错层理及平行层理	↑ 变粗	扇三角洲沉积	

图2-8　鄱阳湖东侧钻孔垂向沉积剖面（据张春生等，1996）

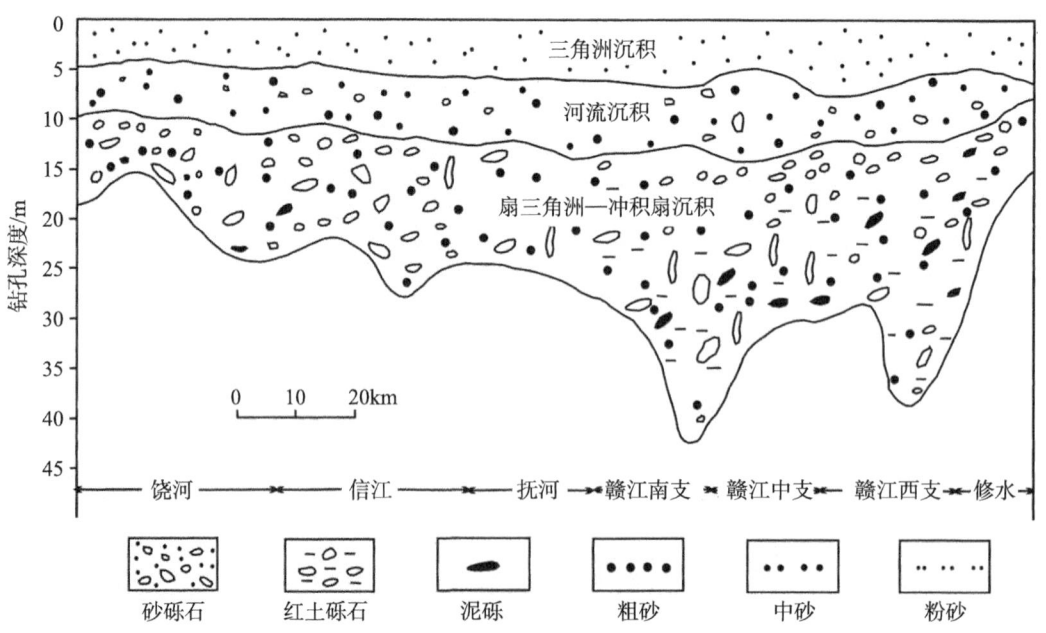

图2-9　鄱阳湖周缘全新世沉积横剖面图（据张春生等，1996）

一、冲积扇—扇三角洲沉积体系

距今 12000—4000 年，鄱阳湖区主要发育冲积扇—扇三角洲沉积体系（表 2-1）。前人认为（张春生等，1996），该时期底形坡度较大，古赣江底形坡度为 3°～5.7°，古信江、古饶河附近底形坡度为 1.7°～3.1°，加之庐山东侧的北北东向赣江断裂活动性强，湖区地形高差大，气候温暖潮湿等多因素影响，全新世早期，鄱阳湖西侧发育冲积扇沉积，东侧发育扇三角洲沉积（图 2-7、图 2-8）。

冲积扇是西侧古赣江、修水流域的重要沉积类型之一。在剖面上，冲积扇沉积自下而上可细分为两段：下段为泥石流沉积，厚 7～35m，砾石含量高、粒度粗、分选磨圆差、成熟度低、砾砂泥混杂，粗大砾石呈直立状或高度角排列，泥基质呈红色或棕色、粒度分布呈现多众数，该段底部常见冲刷切割构造，切割深度达 4～13cm；上段为筛积物沉积，厚 1～3m，发育一套粒度较细、分选磨圆较好、泥质组分含量较低的砾石层沉积，砾石四周冲刷干净，与下段砾石四周的黏土膜形成鲜明对比（图 2-7）。

扇三角洲主要发育于信江、饶河一带，厚 5～12m。扇三角洲平原发育 1～3 条水道，砂砾沉积为主，底部冲刷发育；扇三角洲前缘以粗中砂沉积为主，常见板状交错层理及平行层理，呈现反韵律（图 2-8）。

二、河流沉积体系

汉朝及以前，鄱阳湖区为河网交错的分流平原，称为鄡阳平原，鄱阳北湖已经形成，称为彭蠡泽（表 2-1、图 2-10a）（《鄱阳湖研究》编委会，1988）。该时期底形坡度变小，赣江河床坡度为 1.7°～3.1°。南鄱阳湖大水面尚未形成，而是拓宽的古赣江冲刷河道，各河流水进入鄱阳湖后仍然保持着河流特性，并通过湖口直接泄入长江（张春生等，1996）。

该段时间，鄱阳湖西侧发育辫状河沉积，以砾石和粗砂沉积为主，向上逐渐过渡到中砂岩，厚度约为 6～12m，底部冲刷构造极为发育，常见条带状冲槽及不规则状冲坑（图 2-7）。

鄱阳湖西侧发育曲流河的时间是短暂的，距今 300～400 年，而东侧发育时间长达 2000a 以上，由于沉积速率的差异，两者的厚度相差不大，一般为 7～12m。曲流河沉积发育，底部由砾石、粗砂向上过渡至粉细砂沉积，垂向上二元结构明显，交错层理、平行层理发育（图 2-7、图 2-8）。相比鄱阳湖东侧，鄱阳湖西侧曲流河能量强，沉积物粒度更粗，以大型交错层理为主，底冲刷强烈。

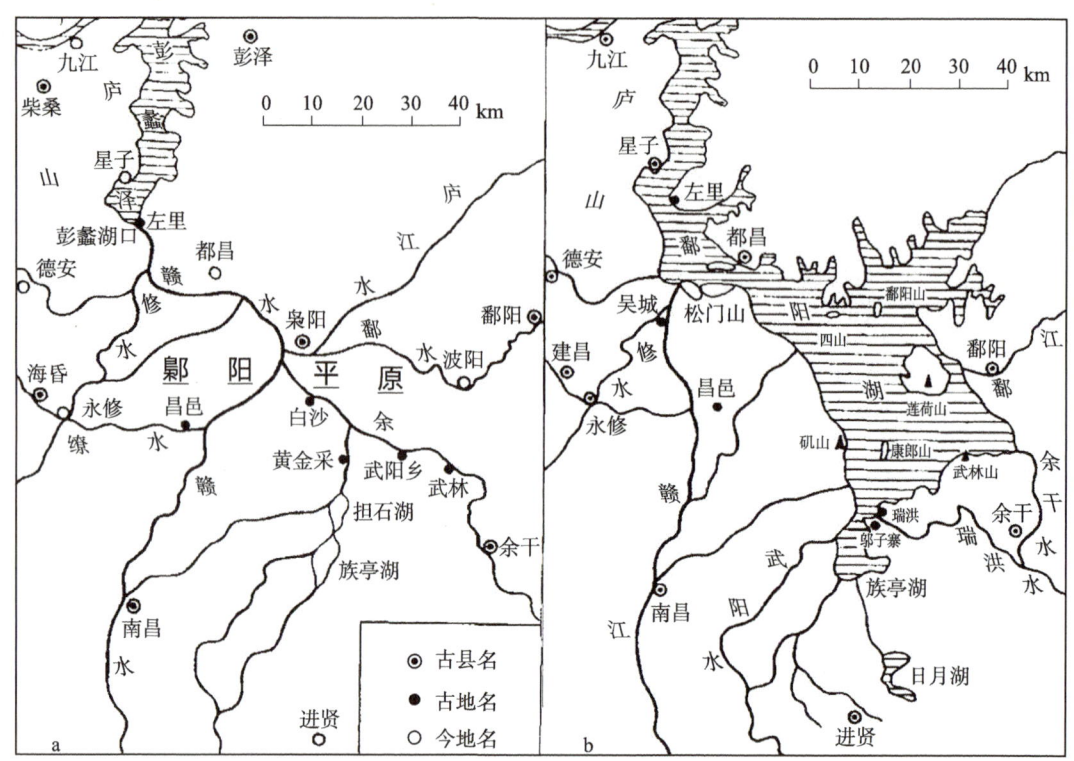

图 2-10 汉朝（a）及宋朝（b）鄱阳湖形势图（据《鄱阳湖研究》编委会，1988）

三、三角洲沉积体系

距今 1700 年前至今，长江主泓道淤高、江道南摆，古彭蠡泽逐渐消亡，彭蠡泽逐步向南延伸；至唐朝（公元 618 年），彭蠡泽逐步跨过湖口、星子、松门山至鄱阳附近，得鄱阳之名（图 2-10b）；唐朝至元朝时期（公元 618—1368 年）鄱阳湖进一步发展，形成宽阔的鄱阳南湖区，而在清代后，湖体才逐渐缩小（谭其骧等，1982；项亮，1999）。五大水系流入鄱阳湖后，形成了三角洲沉积体系（图 2-9）。

前人认为，现代鄱阳湖三角洲沉积明显分为两种类型，下部是破坏型三角洲沉积，上部是建设型三角洲沉积（张春生等，1996）。下部三角洲的岩性以中细砂及粉砂为主、泥质较少、淘洗干净、常因波浪的改造而具有较高的磨圆度和分选性，发育槽状和板状交错层理，以及波浪作用形成的人字形交错层理和波状层理；上部三角洲的岩性以细砂、粉砂及粉砂质泥为主，可见反韵律沉积，发育典型的板状交错层理、前积交错层理、爬升波纹层理以及不同规模和形态的流水波痕（图 2-7、图 2-8）。鄱阳湖三角洲的沉积厚度多小于 5m（图 2-9），其下部发育一套 2～3m 湖相软泥，可以作为三角洲沉积底部的标志层；湖相软泥之下，发育一套河流相沉积（图 2-11）（朱海虹等，1981）。

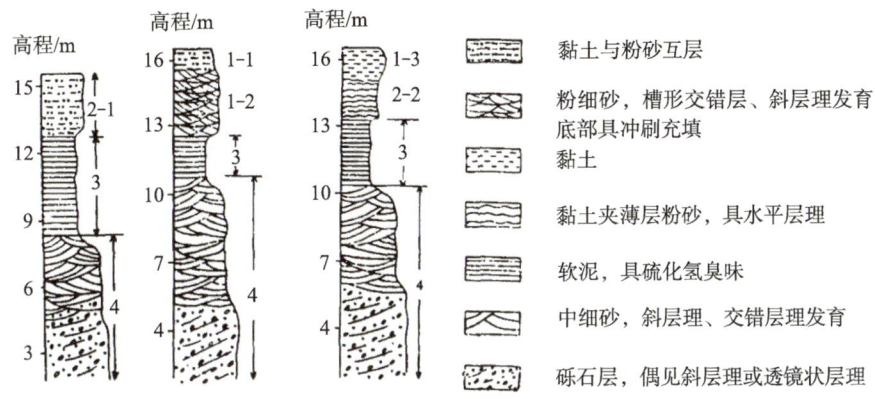

黏土与粉砂互层

粉细砂，槽形交错层、斜层理发育，底部具冲刷充填

黏土

黏土夹薄层粉砂，具水平层理

软泥，具硫化氢臭味

中细砂，斜层理、交错层理发育

砾石层，偶见斜层理或透镜状层理

1—三角洲平原（1-1—漫滩、天然堤；1-2—分流河道；1-3—分流间洼地）；
2—三角洲前缘（2-1—水下天然堤；2-2—湖湾）；3—湖相；4—古赣江河流相。

图2-11 鄱阳湖三角洲沉积相序列（据朱海虹等，1981）

目前，在鄱阳湖西侧（赣江三角洲）、东北角（章田河三角洲）及东侧均发育着建设性的浅水三角洲沉积，其中，鄱阳湖西侧的赣江三角洲面积广泛（图2-12）。赣江三角洲下平原—前缘砂体有两种形态，一种是指状形态，一种是朵状形态（图2-13）。前人主要关注于朵状形态的日帽洲沉积，对指状形态砂体研究较少。目前，针对鄱阳湖赣江三角洲下平原—前缘砂体的宏观分布、平面组合样式、几何特征、沉积构型缺乏定量表征，其形成条件与控制机制仍需要进一步研究。

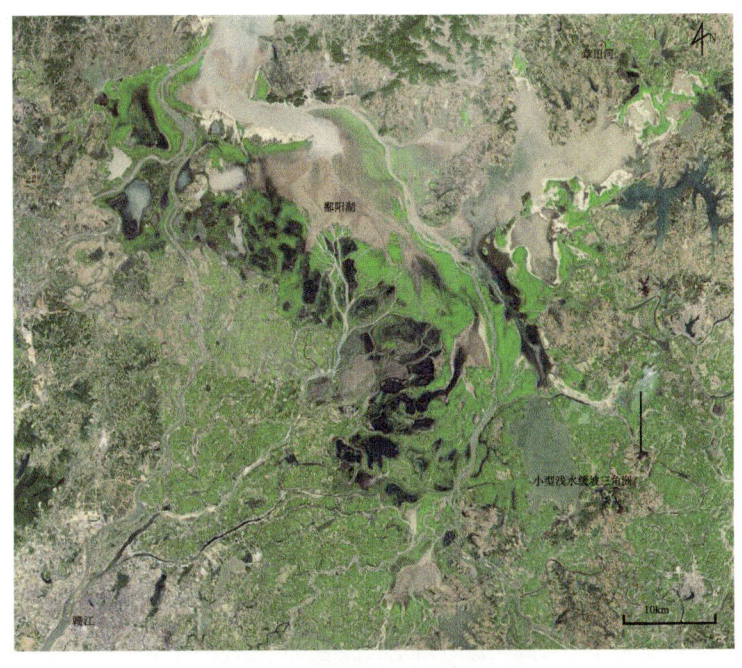

图2-12 鄱阳湖浅水三角洲分布

图2-13　鄱阳湖内的指状（a、b）与朵状砂体（c）

第三节　水文与泥沙

现今鄱阳湖总体属于浅水环境，平水期的平均水深约为8.4m。受季节性气候的影响，鄱阳湖表现出吞吐型敞流湖盆的特征，洪水季节，"五大河"水系进入汛期，汇入鄱阳湖，湖盆水位上涨、面积增加，鄱阳湖水可汇入长江；枯水季节，湖盆稳定退水、面积减小，可出现长江水倒灌。本节将简要阐述鄱阳湖的季节性水文与泥沙概况。

一、水位概况

鄱阳湖年均水位在12～17m的范围内变动，湖区最高水位可达22.6m，最低水位低至5.9m（尹宗贤，1987；闵骞等，1995；刘恋等，2016）。鄱阳湖水位呈典型的季节性特点，每年4月至6月，"五大河"水系进入汛期，水位上涨；7月至9月受长江涨水影响，维持高水位；10月后稳定退水，进入枯水期。一般最高水位出现在6、7月份，最低水位出现在12月和1月份（图2-14）。

鄱阳湖季节性水位年变化幅度大，最大可达14m（湖口、星子水文站），最小也有3.5m（康山水文站），年均9.2m，年内最高水位与最低水位高程差值在9.7～15.79m间（徐火生等，1988）。湖区北部入江水道年水位变幅最大，湖区最南变幅最小（《鄱阳湖研究》编委会，1988）。

湖区月平均水位最高17.5m，出现于汛期的7月份；最低8.7m，出现于枯水期1月份（《鄱阳湖研究》编委会，1988）。月内水位变幅没有明显的季节性差异，最大变幅4.5～7m，最小变幅0～1m，汛期、退水期、枯水期均如此。

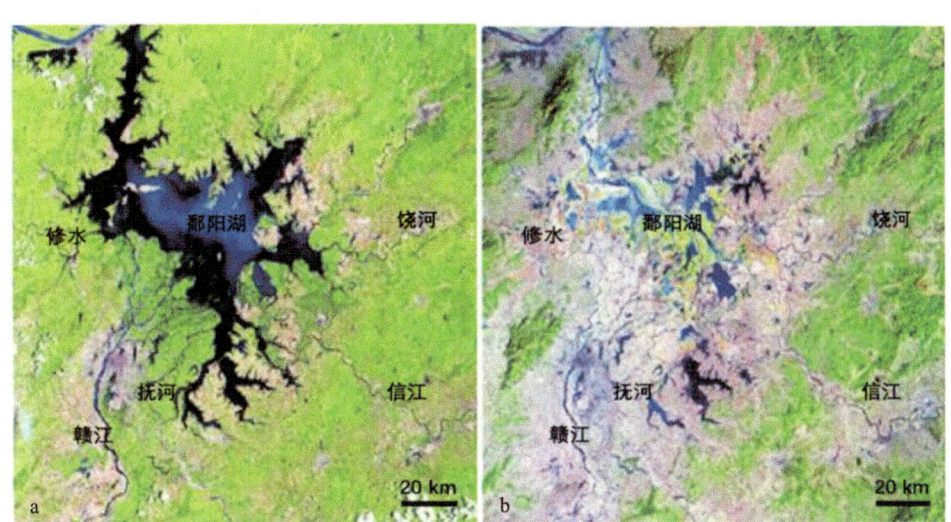

图2-14　鄱阳湖丰水期(a)、枯水期(b)卫星影像（据金振奎等，2014a）

　　湖区日水位变幅相对较小，高水位变幅只有几厘米甚至接近于0；低水位变幅大，最大为0.9m左右，这可能与降水及湖水起涨有关（《鄱阳湖研究》编委会，1988；刘恋等，2016）。

　　湖区水位在空间分布上亦存在不同，不同水文站点水文数据有差异，自湖区南部向北水位逐渐降低，最南部的康山水文站实测数据与湖最北部（入江口附近）湖口水文站数据相差可达5～7m（闵骞等，2013）（表2-2）。随湖区整体水位上升，站点间水位落差逐渐降低，湖区达较高水位时（水位17m以上），水位落差降至0.2m以下，水位达20m时，落差基本为0，甚至存在南部与北部落差出现负值的情况。

表2-2　不同年段各水文站点间水位落差统计（据闵骞等，2013）

年段	星子—湖口	都昌—星子	棠荫—都昌	康山—棠荫	康山—湖口
1952—1961	1.19*	1.66	—	—	6.57*
1962—1971	0.88	1.52	2.05	1.30	5.75
1922—1981	1.22	1.58	1.86	1.20	5.86
1982—1991	1.16	1.40	1.53	1.17	5.26
1992—2001	1.03	1.22	1.42	1.13	4.79
2002—2011	0.52	0.96	2.11	1.43	5.02
xxxx—2011	0.99	1.37	1.79	1.25	5.47

　　注：表中＊号为1956—1961年平均值；xxxx—2011为自起始年至2011年，各站起始年不一样；表内单位均为m。

二、供给水系概况

鄱阳湖周围水系发育，西部、西南承纳赣江、修水，南部与抚河、信江相接，东部饶河南北两支在鄱阳县汇合后入湖（《鄱阳湖研究》编委会，1988）。这"五大河"呈辐射状入湖，年均入湖水量达到 $1265 \times 10^8 m^3$，入湖总流量约为 $4000 m^3/s$ 左右，贡献了鄱阳湖 80% 的入湖水量。其中，以赣江供水最多，达五河水系总供水量的 55%，平均流量为 $1800 \sim 3100 \ m^3/s$，其次为信江的 14.4% 及抚河的 12.1%，三者占比达到 80%；饶河与修水占比均在 9% 左右（《鄱阳湖研究》编委会，1988）。不同水文站径流数据，如赣江水系的外洲水文站、抚河水系的李家渡水文站及信江水系的梅港水文站，也反映出了水系之间的径流量差异（图 2-15）（刘健等，2009）。

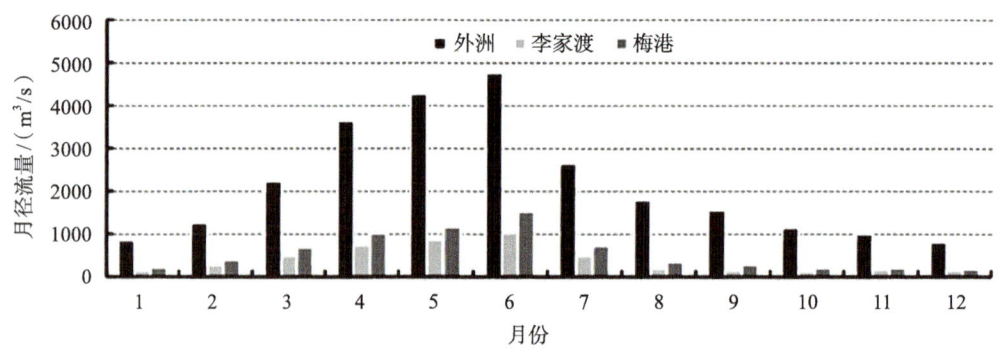

图2-15　鄱阳湖流域多年月均径流变化（据刘健等，2009）

鄱阳湖属吞吐性湖泊，湖盆调蓄作用下湖水入江，年均出湖水量与入湖水量相近。出湖水量在汛期最大，可占全年出湖水量的 55% 以上，此时入湖水量大于出湖水量（《鄱阳湖研究》编委会，1988）。7月后河汛期结束，长江涨水，江水顶托或倒灌，出湖水量逐渐高于入湖水量。至枯水期最低水位的 1 月份，入、出湖量均较小，出湖水量相对略大。

河流的流量与湖盆水位存在一定的关联。赣江下游外洲以下河段水位受上游径流和下游鄱阳湖回水顶托影响，而鄱阳湖水位又受长江径流和五河来流影响（周刚等，2012）。"五大河"的汛期都集中在 4—7 月，随着雨季到来，五河洪水汇入，鄱阳湖水位开始上涨，7—9 月长江主汛期来临，长江洪水倒灌鄱阳湖，导致鄱阳湖水不能排出而长期维持在较高水位，并顶托赣江下游来水，甚至影响到外洲以上，致使赣江下游水面比降减小，流速降低。以 2007 年外洲实测结果为例，总体上，汛期对应高水位期，但湖平面波峰相较于流量会有一个短暂的滞后期，外洲洪水流量在 7、8 月份明显减弱，而外洲水位仍然高居不下，与鄱阳湖顶托相关（图 2-16）。

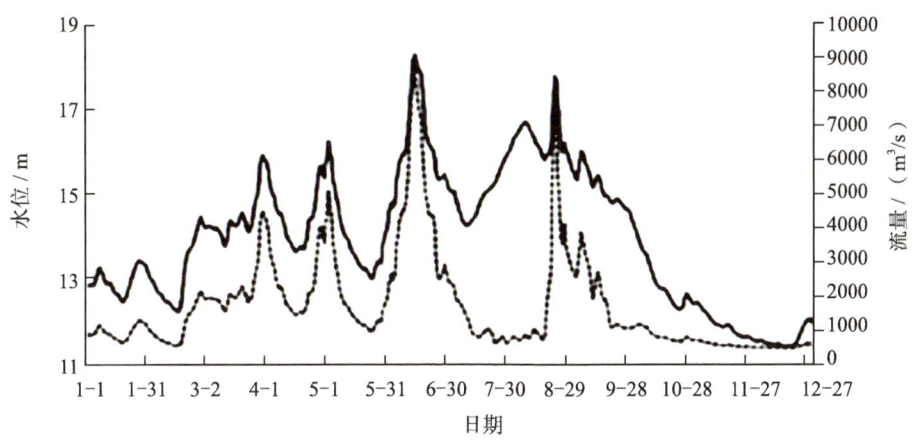

图2-16 赣江外洲实测水位流量与湖平面变化图（据周刚，2012）

三、泥沙概况

鄱阳湖区年平均输沙量达到约 2000×10^4t，85%以上的输沙量来自"五大河"（《鄱阳湖研究》编委会，1988）。其中，赣江水系的供沙量最大，年平均约为 1150×10^4t，水体中含沙量约为 0.14 kg/m³，占湖区总输沙量的 55%，其他水系的供沙量较少，水体含沙量小于 0.1kg/m³。"五大河"水系供沙主要在洪水期（4—6月），占全年输沙量的 80% 左右。

湖区每年的泥沙冲淤规律如下（李微等，2015）：4月汛期后，湖面上涨，湖流流速降低，河流携带大量泥沙入湖，鄱阳湖区进入淤积期；7月后，长江涨水，顶托或倒灌使大量泥沙淤积湖内；10月后，湖泊退水，湖泊向河相转变，且长江洪水退落，此时湖区出沙量大于输沙量，为冲刷期。

第四节 其他自然环境

本节将对鄱阳湖区的气候、降水量、蒸发量与水温等自然环境进行简要介绍。

一、气候

第四纪以来，鄱阳湖区的气候经历了多次周期性变化（黄第藩等，1965）。早更新世初期，冰期到来，鄱阳湖的气候转向湿寒；早更新世中期，气候逐渐转向温湿；早更新世晚期，处于间冰期，气候湿热；中更新世初期，鄱阳湖遭遇第二次冰期，气候再次转向湿寒；中更

新世中期的后半段时间开始，气候转暖，出现温湿气候；晚更新世，鄱阳湖区气候较为干冷；全新世之后，鄱阳湖区进入了多雨的亚热带气候环境，气候逐渐变得温湿（图2-4）。

全新世以来，鄱阳湖区的气候总体较为温湿，但仍然存在着多个周期性变化（图2-4）。前人基于有机质碳同位素与孢粉资料，分析了鄱阳湖区几千年以来的气候变化，虽然温湿与干冷变化的时间界限略有差异，但基本相似（吴艳宏等，1997；彭红霞等，2003；马振兴等，2004）。例如，马振兴等（2004）基于有机质碳同位素（图2-17，低值反映温湿气候、高值反映干冷气候），分析了近8000a以来的气候变化。本区经历了4次大的气候演化旋回，即4次暖湿和4次冷（凉）干的气候环境变化，7900—3660年前、3440—2990年前、2940—2170年前、1820—650年前属于相对温暖湿润的气候环境，3660—3440年前、2990—2940年前、2170—1820年前、650—200年前属于相对冷凉干旱的气候环境，200年前以来气候开始转暖。总体上，暖湿期持续时间较长，冷（凉）干期持续时间较短。

现今鄱阳湖区属亚热带季风气候，春、夏季风交替，潮热多雨，植被发育；秋季干旱，夏季至秋季南风盛行。湖区气候温和，年均气温为18℃，7月份气温最高，月均30℃，极温40℃以上；1月气温最低，月均4.4℃（汪泽培等，1989；殷剑敏，2011）。湖区全年日照时长超过1800h，无霜期多在246～284天，日照充足，冰冻期短。

二、降水量及蒸发量

鄱阳湖区降水充沛，年降水量相对稳定，年均降水约为1600mm（汪泽培等，1989）。年内各月降水量与汛期、退水期、枯水期相对一致。自1月份开始气温回暖，降水逐渐增多；3、4月份至6月份，湖区温暖潮湿，五大河汛期来临，降水量达到最大；至秋冬季，气候阴冷干燥，降水量迅速下降（图2-18）（章茹等，2014）。

除降水外，本区亦存在水分蒸发。特点为湖区蒸发量最大，向四周逐渐降低。蒸发量与气候相关，8月气候温暖，蒸发量达到最大的190mm；1月份天气阴冷，蒸发量最小为30mm左右。湖区整体蒸发量年均1000mm左右，平均年蒸发水量达$28.5 \times 10^8 m^3$（唐国华，2017）。

三、水温

鄱阳湖平均水温18℃，最高温年均32.5～35℃，最低温年均0.4～2.2℃，最低水温一般为0℃，年最高水温与最低水温的差值在33～38℃之间。

湖泊水温在空间上存在变化，平面上，从南向北水温逐渐降低，且西岸水温比东岸低，深水区水温比近岸区低；垂向上，受湖浪、五大河及长江来水的影响，水体混合、热

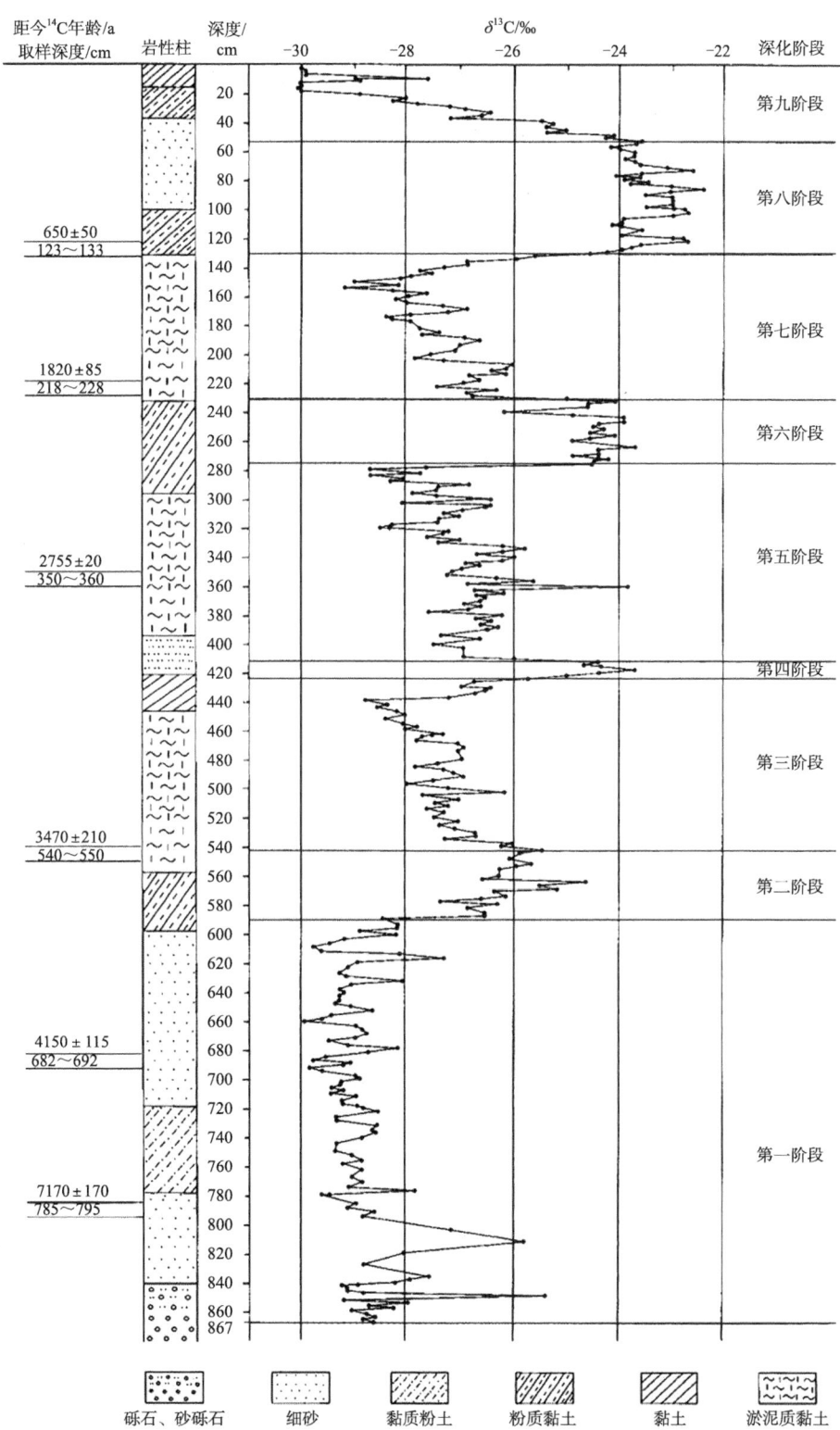

图2-17　鄱阳湖基于钻孔取样的全新世碳同位素曲线（据马振兴等，2004）

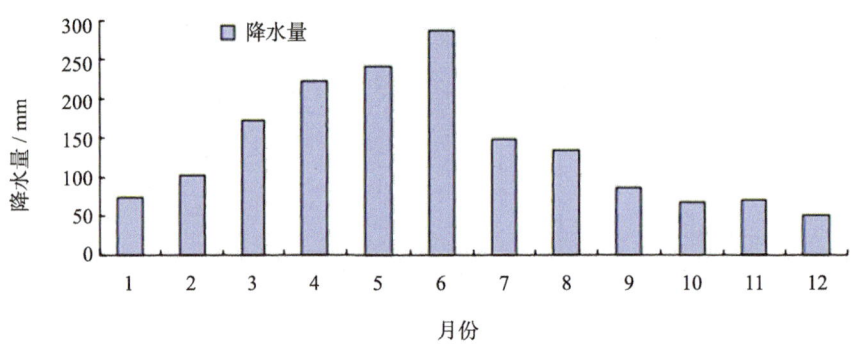

图2-18　鄱阳湖流域各月降水量（据章茹等，2014）

能交换良好，水温垂直分布均匀，水温梯度一般在 0.5℃ /m 以下（徐火生等，1989a）。

水温在时间域上也存在变化：一天内最高水温在 15：00—17：00 之间，最低在 6：00—8：00 时之间，水温日变化幅度一般在 2.5℃内，平均变幅 1.7℃；年内水温分两阶段，1—7 月水温上升，8—12 月水温下降，最低与最高温分别出现在 1 月与 8 月，单月内水温变幅一般在 10℃内；年平均水温相对稳定，年均水温最高为 18.3℃，最低为 14.6℃，变差最大为 3.7℃（徐火生等，1989b）。

第五节　人类活动

人类活动对鄱阳湖及周边水系的改造直接改变了鄱阳湖的形态、水量水位、输沙和出沙量、湖流流向和流速等，很大程度上影响着鄱阳湖三角洲沉积，主要包括三个方面，围湖工程、水利工程、采砂活动。人类活动的影响力远大于自然改造过程。

一、围湖工程

围湖工程按目的可分为防洪护田和围湖造田两类。防洪护田往往是围控湖泊草洲高地以及河滩筑圩，一般围控范围较小（《鄱阳湖研究》编委会，1988）。但是鄱阳湖大堤阻挡了洪水期鄱阳湖向岸推进，成为鄱阳湖三角洲上平原与下平原的分界；另外，它也阻挡了部分供源河道（如赣江分支）流入鄱阳湖，导致了部分分流河道的废弃。1949 年以来，为了扩地增粮，人们盲目围湖造田，导致湖区面积缩小达到 1300 km²，枯水期湖岸线后退 800km 以上，甚至改变了湖盆形态（席海燕等，2014）。同时，围湖造田淤高了鄱阳湖床，影响了航运并增加了防洪难度，也影响了湖区生物栖息环境（闵骞等，2006）。

自 1998 年以来，江西省提出了"退田还湖、移民建镇"后，已经恢复鄱阳湖水域超过 800km²，改善了湖区环境（图 2-19）（叶慕亚，2006）。

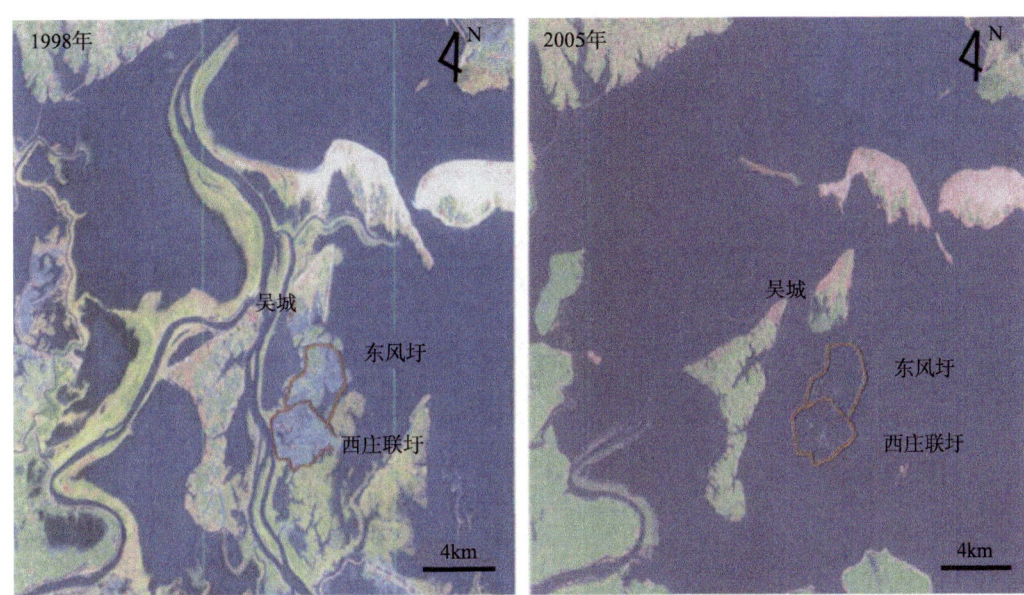

图2-19　1998年与2005年典型湿地遥感影像（据叶慕亚，2006）

二、水利工程

为满足灌溉、航运、防洪、调控水量等多方面要求，湖区修建大量水利工程。由于鄱阳湖季节性特点，洪水期常发生洪涝灾害，历史上多以修建圩堤为主要防洪手段（刘志刚等，2015）。其最大影响是改变原有河网水系结构，并降低湖泊形态系数和湖泊天然调蓄洪水的能力，影响大小与工程面积有关。闵骞等（1994）研究认为，近 500 年鄱阳湖洪水位抬高，洪水次数有逐渐增多的趋势，这很可能与湖泊围控、圩堤加固有关。

为合理调控水量，鄱阳湖流域已修建大中型水库 200 余座，这些水库抬高了枯水期水位，降低了湖流流速。另外，三峡水库亦会抬升湖口位置处的年最低水位，导致鄱阳湖枯水期出现、结束时间提前（蔡晓斌等，2011）。

三、采砂活动

为了获取建筑材料，鄱阳湖及周围水系河道内存在大量采砂活动（图 2-20）。目前，采砂船可采深度达 30m，采砂活动直接改变局部湖盆及河床形态，严重破坏湖区生态环境（席海燕等，2014），影响了鄱阳湖河流—三角洲沉积特征。采砂活动会大幅提高入湖泥沙量（齐述华等，2016），湖区含沙量甚至高过长江，1998—2004 年，湖水浑浊 50 多倍，作业区附近湖水透明度更是接近于 0（郭远明，2005）。

图2-20　鄱阳湖内采砂船

第三章　指状沙坝研究方法

　　针对鄱阳湖浅水三角洲指状沙坝，本章主要介绍卫星地图分析、地质勘测、水槽模拟实验及沉积数值模拟方法四类。

第一节　卫星地图分析方法

　　研究区具有高分辨率的卫星地图，分辨率可以达到 1m，局部甚至更高（图3-1）。通过卫星地图，可直观地分析鄱阳湖指状沙坝的宏观分布特征，测量鄱阳湖内多个指状沙坝的弯曲度、延伸长度、宽度、个数等几何特征。

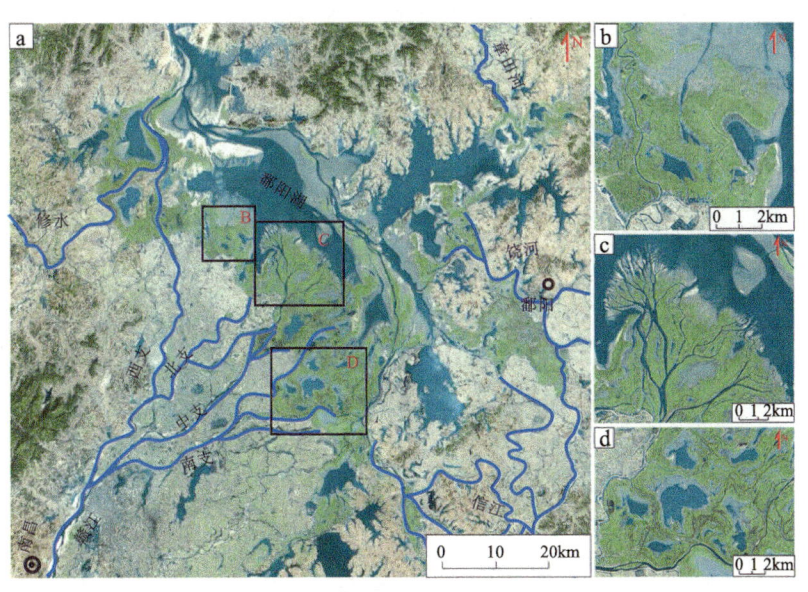

a. 鄱阳湖三角洲卫星地图；b. 北支指状沙坝；c. 中支朵状沙坝；d. 南支指状沙坝。

图3-1　鄱阳湖内指状沙坝卫星地图

　　鄱阳湖范围内具有 1984 年以来 36 年的历史卫星地图。近年来人类活动（包括围湖造田、挖沙、疏通航道等）对鄱阳湖的改造很大，历史卫星地图可以用于分析并排除近年来人类活动对鄱阳湖指状沙坝地貌的影响（图 3-2）。同时，历史卫星地图记录了部分活动指状沙坝的沉积过程，可以辅助分析鄱阳湖指状沙坝的形成发育过程（图 3-3）。

图3-2　赣江北支指状沙坝的历史与现今卫星地图对比

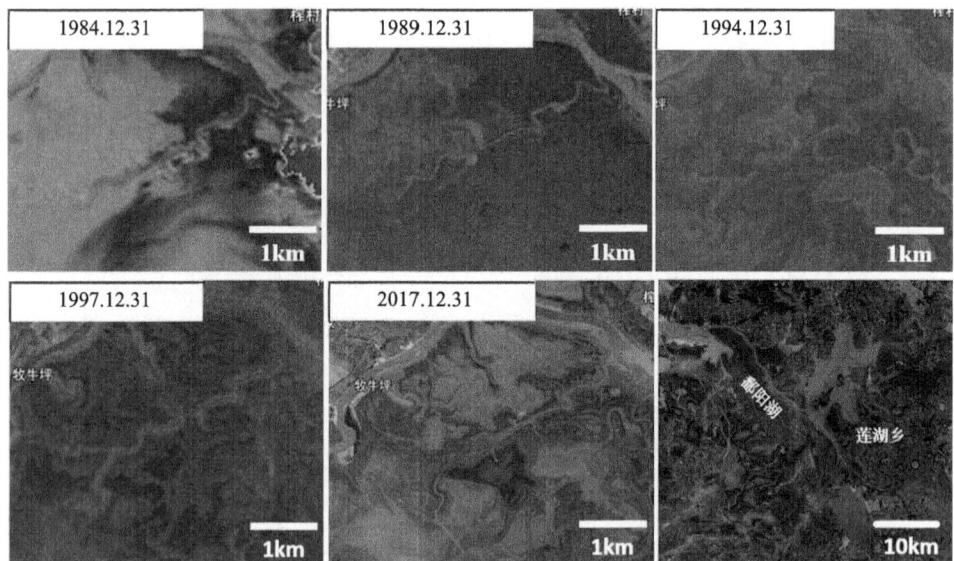

图3-3　鄱阳湖东部莲湖乡附近指状沙坝的历史卫星地图
（红点示意该指状沙坝位置）

第二节　地质勘测方法

地质勘测方法主要包括两类，一种是挖取探坑、探槽、浅钻孔的方式，用于获取垂向的岩心柱子与沉积物样品；另一种是探地雷达探测方法，可以获取地下一定深度范围内的反射剖面，能够用于分析沉积物的侧向展布特征。

一、探坑、探槽与浅钻孔获取

现代鄱阳湖三角洲下平原—前缘沉积厚度多为 1～2m，小于 3m。利用探坑与浅钻孔相结合的方法可以高效获取三角洲沉积的岩心柱子（图 3-4）。

图3-4　鄱阳湖指状沙坝岩心柱子、浅钻孔与探坑的实例

浅钻井虽然工序繁多，但对人力消耗较小，且可用于获取地下 5m 以内厚度的沉积物（图 3-4b）；挖取探坑虽然较为损耗人力，但比较快捷，且可以观察到沉积构造，可用于获取地下 1m 左右的沉积物（图 3-4c）。获取的岩心柱子，可以用于分析指状沙坝的垂向沉积序列，识别构型单元类型。利用空间上的多个岩心柱子，可以构建沉积构型剖面，用于分析指状沙坝内部构型单元的形态、规模特征（图 3-5）。

人工挖取探槽可以获取指状沙坝的构型剖面，直接观察到指状沙坝内部构型单元的形态、规模及沉积构造特征（图 3-6），同时可以用于标定探地雷达剖面，但较为费时费力，仅在必要部位进行挖取。

利用浅钻孔、探坑及探槽可以获取鄱阳湖指状沙坝的沉积物，系统取样后，将沉积物样品进行粒度分析，确定指状沙坝沉积物粒度特征，明确内部不同构型单元的垂向粒度韵律及侧向粒度变化（图 3-7）。

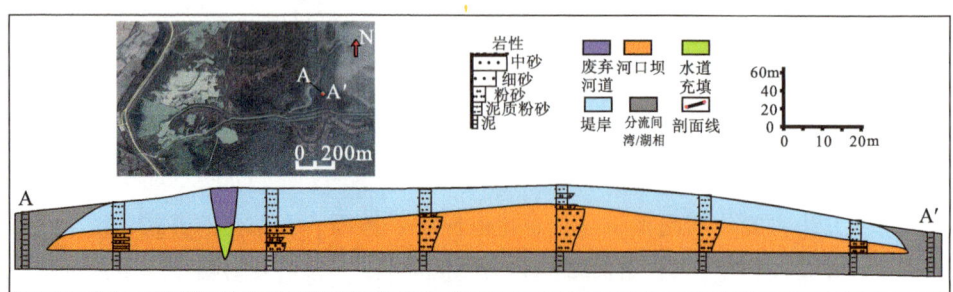

图3-5　鄱阳湖浅水三角洲中一个指状砂体的横剖面特征

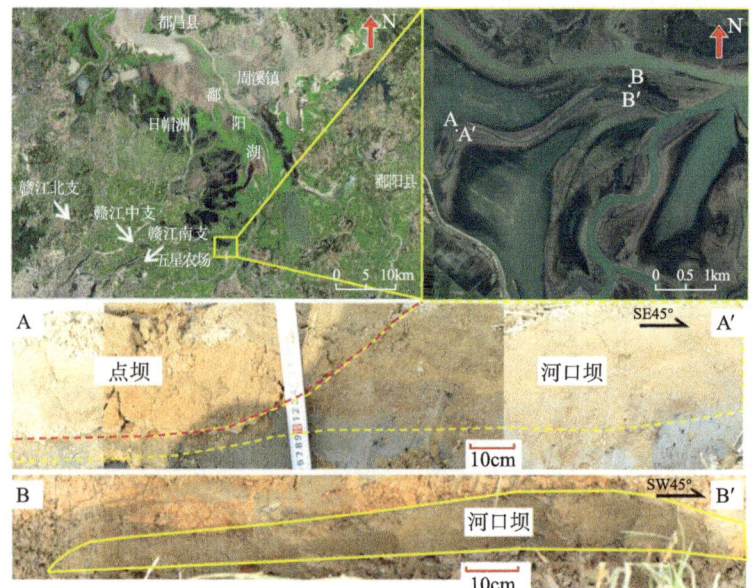

图3-6　赣江南支五星农场指状沙坝构型剖面

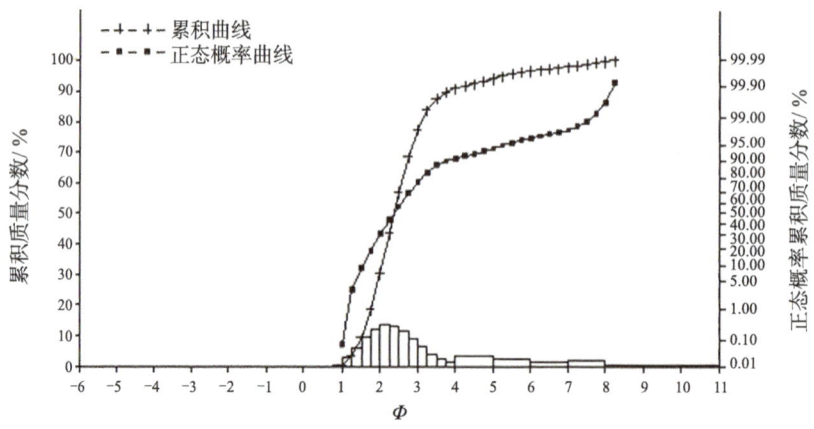

图3-7　赣江南支五星农场指状沙坝河口坝顶部的粒度分布图

二、探地雷达探测

利用浅钻孔、探坑及探槽仅能够获取一点或者局限范围内的沉积物分布特征，而利用探地雷达设备，可以获取地下一定深度范围内的反射剖面，能够用于分析沉积物的侧向展布特征。鉴于鄱阳湖浅水三角洲指状沙坝的沉积厚度一般小于 3m，本次采用意大利 IDS 公司、主频为 200MHz 的探地雷达设备（图 3-8a），可以有效探测地下至少 3m 的沉积物，获取反射剖面（图 3-9）。该设备成像深度约为 3m，垂直分辨率为 5～10cm。

图3-8 意大利RIS 200MHz探地雷达设备与SSOKKIA水准仪

在 GPR 数据采集后，需要进行五个处理步骤，包括零时调整、背景噪声去除、垂直带通滤波、横向平滑和垂直增益。零时调整用于去除地面波；背景噪声去除用于消除 GPR 剖面中的大部分噪声；垂直带通滤波旨在减少垂直方向上的人工反射波不连续性；而横向平滑用于减少由于天线不稳定移动速度引起的横向反射波不连续性；垂直增益用于减小垂直能量衰减的影响。GPR 数据可根据平均沉积物反射速度（约 0.1m/ns）转换为深度域。此外，使用 SSOKKIA 水准仪设备，可以获取砂体的顶面高程剖面（图 3-8b），以校正 GPR 剖面的地形。

基于赣江三角洲平原一个点坝的局部探槽剖面与探地雷达剖面标定结果可以发现，探

地雷达剖面的反射轴能够反映点坝内部侧积层的分布，点坝侧积层与探地雷达剖面的反射轴的倾角均约为3°（图3-9）。因此，探地雷达剖面反射轴能够反映沉积物的侧向分布特征。

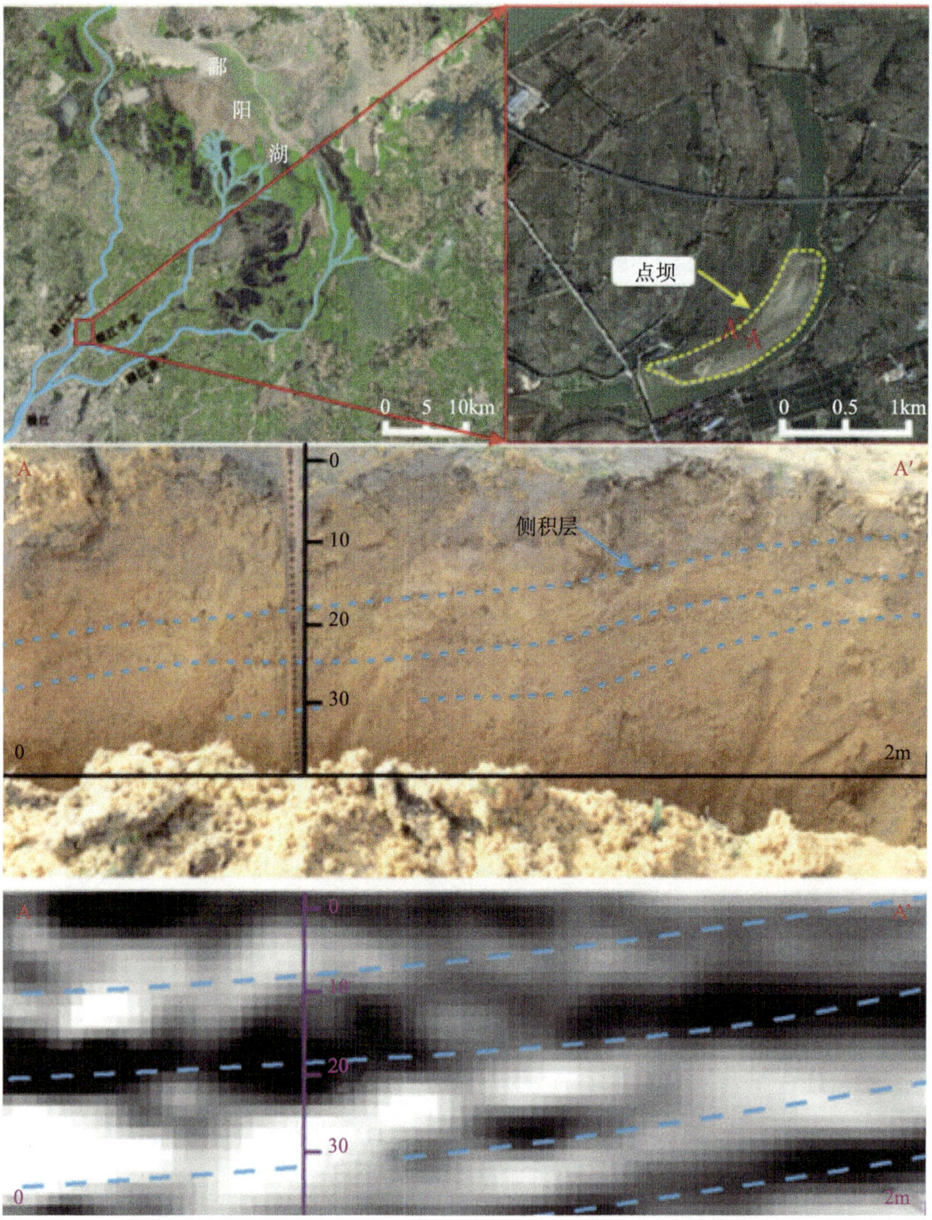

图3-9　赣江三角洲平原一个点坝的局部探槽及探地雷达剖面

在这一前提下，利用岩心柱子标定探地雷达剖面，识别构型界面处的反射轴，根据反射轴的分布确定构型界面的分布，从而确定构型单元的分布特征（图3-10）。

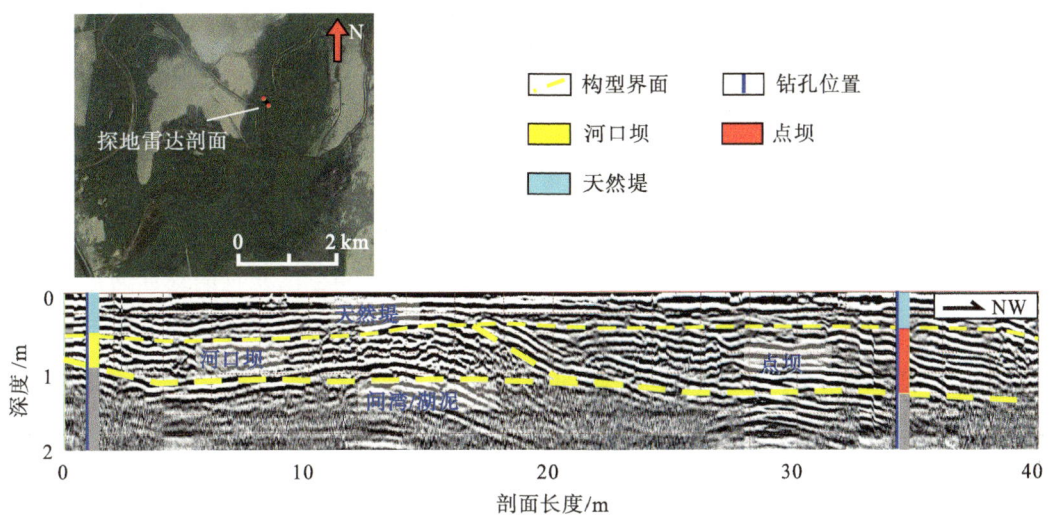

图3-10 赣江三角洲探地雷达剖面与浅钻孔标定结果

第三节 水槽模拟实验方法

　　为了阐明沉积物粒度及黏性对浅水三角洲下平原—前缘砂体成因类型的影响，结合鄱阳湖浅水三角洲形成的地质背景及沉积条件，进行水槽沉积模拟实验，模拟了细粒高黏性与粗粒非黏性沉积物供给条件下的浅水三角洲的形成过程。

　　水槽模拟是在长江大学水槽模拟实验室进行的，实验装置如图3-11所示。实验装置的总长为7m，宽为4m。装置左侧为供给河道，长约4.4m，宽约0.3m，水深为3cm。装置右侧为湖盆，其长约2.5m，宽约2.5m，底形坡降为1‰，河口处的水深为3cm，保持不变。

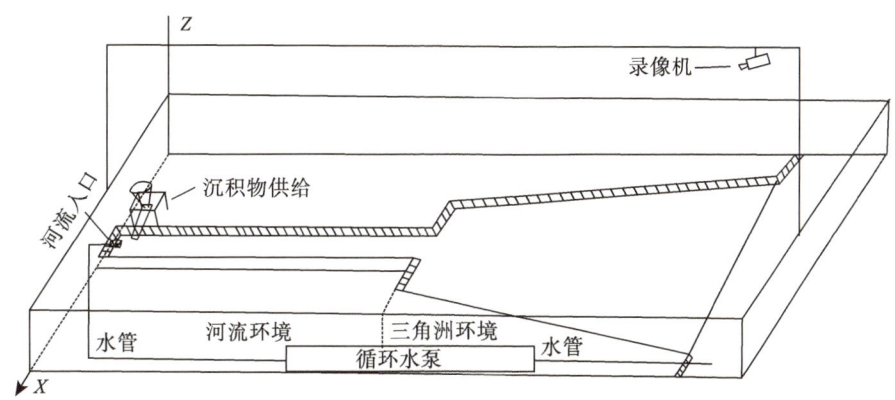

图3-11 水槽模拟实验装置

两个水槽模拟实验采用相似的水排量、沉积物排量、盆地水深,最主要的差异就是沉积物粒度与黏性。具体模拟条件如下:

细粒高黏性沉积物供给条件的模拟实验参数参考鄱阳湖日帽洲三角洲的沉积条件(表3-1)。其中,水排量与沉积物排量需要根据规模差异进行换算,换算后的水排量为0.3 L/s,换算后的沉积物排量为1×10^{-4} L/s;沉积物选用不同粒度的石英砂,粒度分布遵循正态分布,粒度中值与砂泥比分别为0.1 mm与0.4;细粒沉积物的黏性通过加入聚丙烯粉末来产生,聚合物在沉积物中的含量为100g/50kg;根据日帽洲三角洲沉积厚度(2~3m),其沉积范围内的水体深度在3m以内,换算后的模拟实验的最大水体深度为30mm。该模拟实验进行了53 h。

表3-1 日帽洲浅水三角洲沉积条件及换算结果

因素项	参数范围值	参数平均值
盆地坡降	0.04 ~ 0.20	0.10
河口处河道与盆地水深比	0.5 ~ 1.0	2/3
河流流量 / (m^3/s)	200 ~ 1500	1000
河流携沙粒度中值 / mm	0.05 ~ 0.15	0.10
砂泥比	0.3 ~ 0.5	0.4
沉积物浓度 / (kg/m^3)	0.05 ~ 0.20	0.10
τ_0 / (N/m^2)	0.2 ~ 3.0	1.5

粗粒非黏性沉积物供给条件的模拟实验中,水排量为0.25L/s,换算后的沉积物排量为1×10^{-4}L/s,沉积物粒度中值为0.3mm,砂泥比为0.7。沉积物中未加入聚合物,沉积物黏性很低,最大水体深度约为30mm。该模拟实验进行了16h。

第四节 沉积数值模拟方法

本次研究采用Delft3D(V. 4.04.01)软件进行沉积数值模拟,该软件能够有效模拟浅水三角洲沉积过程,前人已经证明了该软件模拟过程与结果的有效性(Edmonds et al.,2010; Edmonds et al., 2011; Caldwell et al., 2014)。

一、Delft3D 软件的基本原理及关键水动力方程

Delft3D 软件是主要基于流体流动和泥沙输运的数值模型，通过解析深度平均的、非线性的浅水水动力方程式、沉积运移方程式和动量及质量守恒方程式来实现沉积数值模拟。其中，水流流速的计算是通过雷诺数平均的纳维—斯托克斯（Navier-Stokes）方程来求解的。如果不考虑蒸发、降水、科氏力、风浪的影响，深度平均的动量方程可表达为：

$$\frac{\partial \overline{u}}{\partial t} + \overline{u}\frac{\partial \overline{u}}{\partial x} + \overline{v}\frac{\partial \overline{u}}{\partial y} + g\frac{\partial \zeta}{\partial x} + \frac{g\overline{u}\left|\sqrt{\overline{u}^2+\overline{v}^2}\right|}{C^2 h} - \mu\left(\frac{\partial^2 \overline{u}}{\partial x^2} + \frac{\partial^2 \overline{u}}{\partial y^2}\right) = 0 \tag{3-1}$$

$$\frac{\partial \overline{v}}{\partial t} + \overline{u}\frac{\partial \overline{v}}{\partial x} + \overline{v}\frac{\partial \overline{v}}{\partial y} + g\frac{\partial \zeta}{\partial y} + \frac{g\overline{v}\left|\sqrt{\overline{v}^2+\overline{v}^2}\right|}{C^2 h} - \mu\left(\frac{\partial^2 \overline{u}}{\partial x^2} + \frac{\partial^2 \overline{u}}{\partial y^2}\right) = 0 \tag{3-2}$$

式中，ζ 为水面高度，m；h 为水深，m；x 为顺流距离，m；y 为沿岸距离，m；$\overline{u}$ 与 $\overline{v}$ 分别为顺流 x 方向与沿岸 y 方向上的深度平均的流速，m/s；g 为重力加速度，m/s^2；t 为流动时间，s；μ 为涡流黏度，m^2/s；C 为 Chèzy 黏度系数，m$^{1/2}$/s。

在 Delft3D 模型中，细粒沉积物（直径小于 64μm）被认为是黏性沉积物，主要为悬移质；而粗粒沉积物（直径大于 64μm）被认为是非黏性沉积物，可以为推移质或悬移质。前人认为，黏性的悬移质沉积物是指状沙坝形成的必要条件。van Rijn（1993）提出的公式适用于计算悬移质和推移质均存在的输沙模式。

悬移质的输运利用三维深度平均对流—扩散方程来估计，可表达为：

$$\frac{\partial c_i}{\partial t} + \frac{\partial uc_i}{\partial x} + \frac{\partial vc_i}{\partial y} + \frac{\partial(w-w_{s,i})c_i}{\partial z} - \frac{\partial}{\partial x}\left(\varepsilon_{s,x,i}\frac{\partial c_i}{\partial x}\right) - \frac{\partial}{\partial y}\left(\varepsilon_{s,y,i}\frac{\partial c_i}{\partial y}\right) - \frac{\partial}{\partial z}\left(\varepsilon_{s,z,i}\frac{\partial c_i}{\partial z}\right) = 0 \tag{3-3}$$

式中，c_i 为沉积物组分（i）的质量浓度，kg/m^3；z 为垂直高度，m；u，v，w 为 x-、y-、z- 方向上的流动速度，m/s；$\varepsilon_{s,x,i}$，$\varepsilon_{s,y,i}$，$\varepsilon_{s,z,i}$ 为 x-、y-、z- 方向上沉积物组分（i）的涡流扩散系数，m^2/s；$w_{s,i}$ 为沉积物组分（i）的沉降速度，m/s。

$$q_{b,i} = 0.006 w_{s,i} D_i \left(\frac{u(u-u_{c,i})^{1.4}}{(RgD_i)^{1.2}}\right) \tag{3-4}$$

式中，$q_{b,i}$ 为沉积物组分（i）在单位宽度内的推移质沉积物排量，m^2/s；$R=\rho_s/\rho_w-1$，ρ_s 和 ρ_w 分别为沉积物和水体的比重；u 为深度平均的流速，m/s；D_i 为沉积物组分（i）的粒度

直径，m；$u_{c,i}$ 为沉积物组分（i）起动的深度平均的临界流速，m/s。

推移质输移的方向影响着分流河道和沙坝的前积、分流或决口，并由局部水流条件决定，而局部水流条件又与底床坡度效应有关。底床坡度效应可以选用 van Rijn（1993）的预测方法和 Ikeda（1982）坡度参数化来预测。横向坡度参数决定了河道侧向输沙量，并可能影响河道深度和沙坝规模。本次已经测试了 1.5～100 之间的多个横向坡度参数值，发现其对黏性指状沙坝弯曲度及河道下切深度等参数的影响不大，故选用 1.5 这一个软件默认值进行模拟。

二、模拟参数的选取

利用 Delft3D 的沉积数值模拟主要是基于概念模型的模拟，目的在于分析指状沙坝的沉积过程及形成机理。为考虑模拟参数的合理性，参数的选取参考了赣江及其形成的指状沙坝的规模、沉积特征及水动力条件等因素。

沉积数值模拟工区大小为 10km×8km，共包含 250×200 个网格，网格大小为 40m×40m，初始底形平坦，坡度约为 0.04°，在工区南侧中部设有一条供源河流（图 3-12）。

供给河流的水流量与沉积物浓度选用赣江中支的平均值，分别为 1200m³/s 与 0.1kg/m³，湖平面海拔为 0m，均为一恒定值。鉴于在鄱阳湖指状沙坝沉积中未见明显的波浪与潮汐沉积构造，则在模拟中不考虑波浪与潮汐作用。

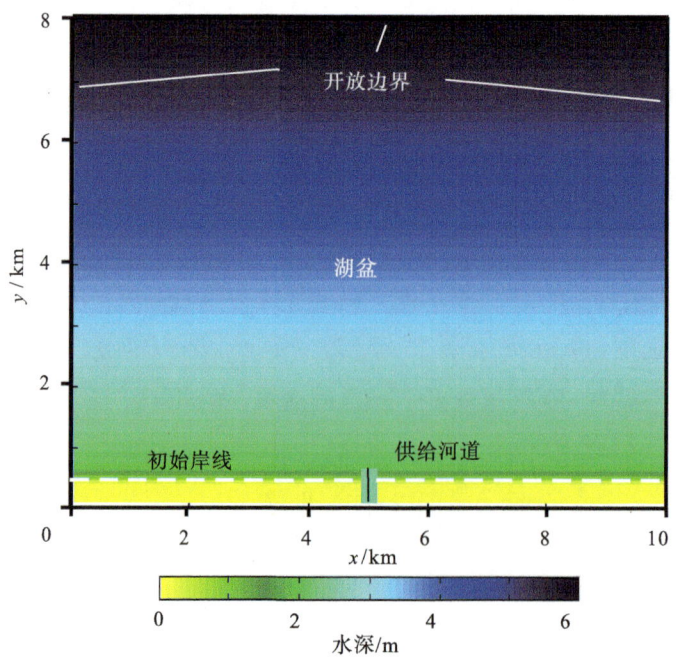

图3-12 Delft3D模拟工区初始水深分布图

模拟中设定六种不同粒度的沉积物，包括 300μm、150μm、80μm、32μm、13μm 与 7.2μm，其中，前三个组分为非黏性沙质沉积物，后 3 个组分为黏性泥质沉积物，在设置不同组分含量时，考虑其大体符合正态分布。根据赣江三角洲指状沙坝的沉积物特征，设定砂泥比为 0.25，沉积物黏度约为 $0.2N/m^2$（本书将侵蚀作用的临界剪切应力作为沉积物黏度的具体表征）。

在考虑不同沉积因素对指状沙坝的控制作用时，需要改变河流水排量（200～1600m³/s）、沉积物浓度（0.05～0.3kg/m³）、砂泥比（0～1）及黏度（1～3.75N/m²）。在解决不同问题时，选取的参数方案在后文中具体阐述。

为了保证模拟精度，模拟的时间步长为 0.2min。为了加速模拟，可以增加形态尺度因子以加速沉积物的沉积，本次设定该因子为 175，Burpee et al.（2015）测试过在该因子为 175 时仍能保证模拟结果的可信性。模拟结果反映的真实沉积时间应为模拟时长的 175倍。其他模拟参数见表 3-2。

表3-2 相关模拟参数设置结果

模拟参数	值	单位
初始沉积底床厚度	10	m
Chézy 黏度值	45	m²/s
水流涡流黏度和扩散系数	0.001	m²/s
形态的记录间隔上传时间	1440	min
邻近干网格的侵蚀概率	0.25	—
发生沉积的黏性沉积物的临界剪切应力	1000	N/m²

第四章 指状沙坝宏观分布规律及形成条件

本章将详细阐述鄱阳湖赣江三角洲浅水三角洲的宏观分布特征，论证下平原—前缘指状沙坝这一主要的砂体成因类型，建立指状沙坝平面组合样式的分类方案，明确指状沙坝及不同组合样式的形成条件。

第一节 浅水三角洲的宏观分布特征

赣江作为鄱阳湖周边最大的供给水系，在鄱阳湖西岸形成了大面积的浅水三角洲沉积（图3-1）。根据卫星地图、地质勘测结果，标定了不同类型沉积的卫星地图影像特征，从而绘制了赣江浅水三角洲相带及沙质沉积物分布图（图4-1）。在图4-1中，红色虚线为人工堤坝，该堤坝阻挡了鄱阳湖向南西扩张，使得堤坝的南西方向为水上沉积部分；黄色虚线为枯水期沙质沉积物前缘的包络线，反映了赣江浅水三角洲沙质沉积物的最远延伸范围。根据上述两个分界线，可以将赣江浅水三角洲划分上平原、下平原—前缘与前三角洲沉积。其中，上平原为南昌滕王阁至人工堤坝一带，该区域位于湖盆高水位之上，为水上沉积区；下平原—前缘为人工堤坝至图4-1中黄色虚线一带，该区域位于湖盆高水位以下，为水下沉积区；前三角洲位于图4-1中黄色虚线的北东一侧，与鄱阳湖盆沉积难以区分。

一、上平原砂体宏观分布特征

赣江浅水三角洲上平原分布范围较大，顺源长度约为45km，面积约为800km²，发育赣江西支、北支、中支、南支共4个主干分流河道及多个分支分流河道，形成了复杂的上平原分流河道网络（图4-1）。上平原分流河道内发育分流水道、心滩、点坝沉积，心滩主要发育于分流河道顺直段，点坝发育于分流河道弯曲段，两者的长度为1～3km，宽度为0.2～1km。

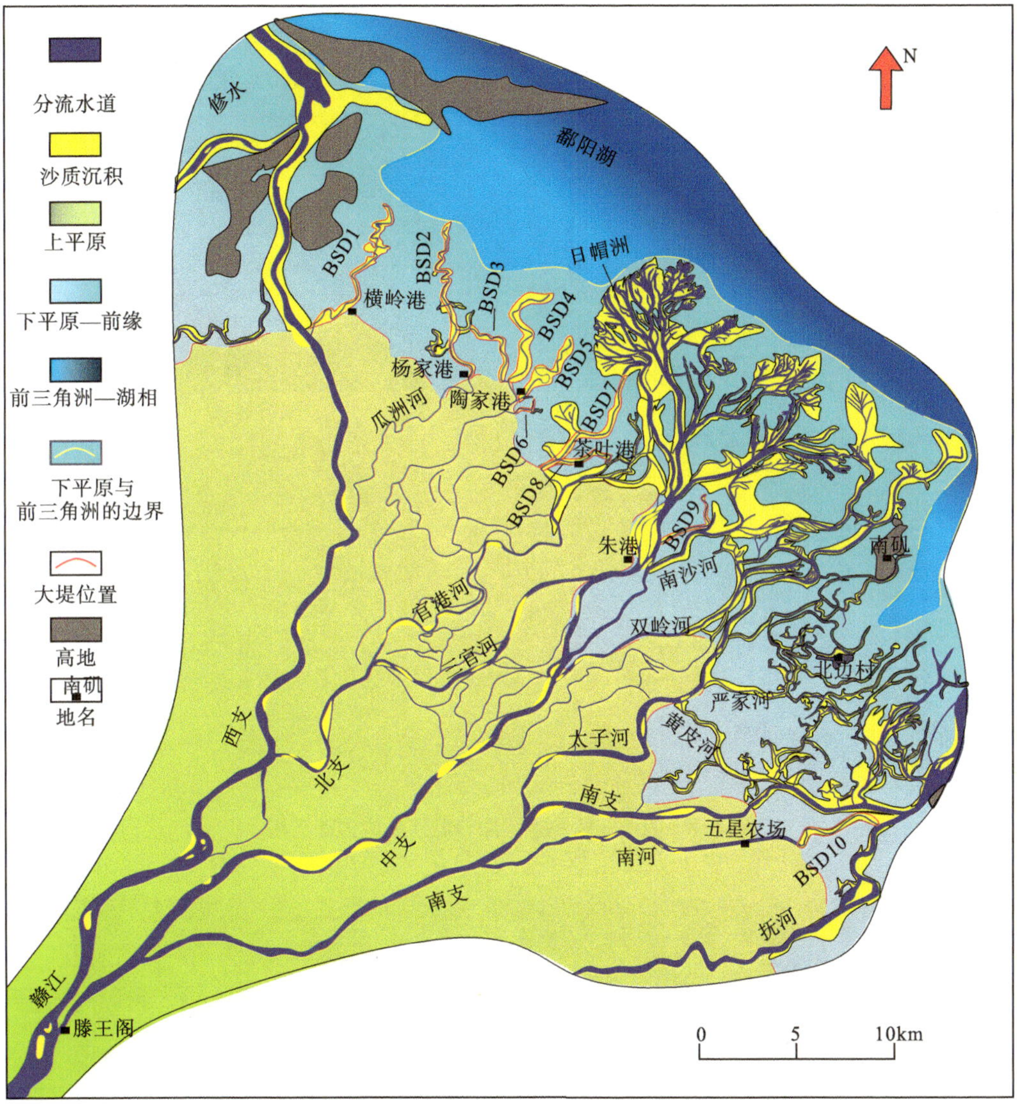

图4-1　赣江三角洲亚相及沙质沉积物分布图（据Xu et al.，2022a）
（图中BSD1～BSD10为赣江三角洲中10个典型的指状沙坝沉积）

　　在分流河道弯曲处的凸岸一侧常形成点坝沉积，沉积物以含砾砂岩、砂岩为主，垂向上呈正韵律，沉积厚度较大（图4-2）。点坝内部砂体为侧向加积样式，砂体侧积倾角为10°～15°，单一侧积体厚度约为1m（图4-2）。

　　在分流河道顺直段，常在分流河道中部形成心滩沉积。心滩内沉积物主要为含砾砂岩、砂岩，垂向上呈正韵律或均质韵律，沉积厚度较大（图4-3）。在顺水流方向上，心滩呈顺流加积，水流加积倾角为10°～20°；在垂直水流方向上，呈垂向或侧向加积样式，侧积倾角较小（图4-3）。

图4-2　赣江三角洲上平原分流河道内边滩沉积

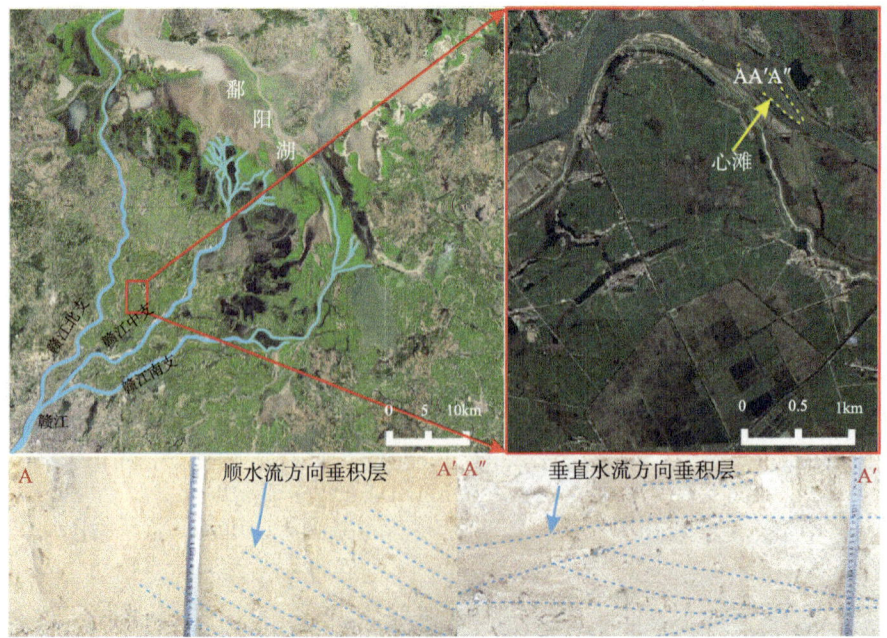

图4-3　赣江三角洲上平原分流河道内心滩沉积

在赣江三角洲上平原沉积中，分流河道内部心滩与点坝共存，但发育程度较低，呈孤立分散状分布于分流河道之中，沙坝（心滩与点坝）的间距介于 60～4550m，68% 的沙坝间距超过 500m，分流河道的辫流指数仅为 0.5（Xu et al., 2023）。总体上，分流河道内沙坝的长度与宽度具有较好的正相关关系，顺源方向上，长度与宽度逐渐减小；与上游赣江相比，沙坝的长宽比更大，长度与宽度更小（图4-4）。

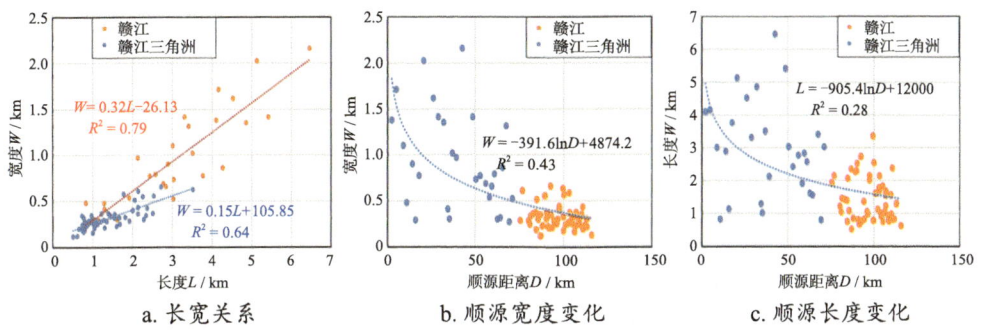

图4-4 赣江河道与三角洲上平原分流河道内沙坝的长度与宽度关系及其顺源变化

二、下平原—前缘砂体宏观分布特征

赣江浅水三角洲下平原—前缘的顺源长度约 16km，面积约为 650km^2，发育不同的地貌形态及规模的砂体，总体上可以分为指状与朵状两大类（图4-1、表4-1）。下面分别阐述两类砂体的宏观分布特征。

表4-1 赣江三角洲下平原—前缘不同砂体的位置、供源河流及形态

沙质沉积	位置	供源河流	形态
日帽洲砂体	日帽洲	赣江中支、三官河	朵状
BSD1	横岭港	赣江西支的分支	指状
BSD2	杨家港	瓜洲河	指状
BSD3	陶家港	赣江北支的北部分支	指状
BSD4	陶家港	赣江北支的北部分支	指状
BSD5	陶家港	赣江北支的北部分支	指状
BSD6	陶家港	赣江北支的北部分支	指状

沙质沉积	位置	供源河流	形态
BSD7	茶叶港	官港河	指状
BSD8	茶叶港	官港河	指状
BSD9	朱港	赣江中支的分支	指状
BSD10	五星农场	南河	指状
北边村指状砂体	北边村	双岭河、严家河、太子河、黄皮河等	指状

（一）指状砂体宏观分布特征

除日帽洲以外，下平原—前缘砂体均为指状形态，砂体两侧的分流间湾发育程度较高，主要分布于赣江浅水三角洲北部与南部（图4-1）。

赣江西支及其分支河道在下平原—前缘形成了3个指状形态砂体，其中，赣江西支直接流入鄱阳湖形成的规模较大的指状砂体，其顺源延伸长度超过20km，延伸至鄱阳北湖，宽约2km；赣江西支的分支河道在下平原—前缘形成了2个指状砂体（BSD1与BSD2），顺源延伸长度为8～10km，宽度为200～400m，沉积厚度小于3m（图4-1）。

赣江北支及其分支河道在下平原—前缘形成了6个指状形态砂体（BSD3～BSD8），其顺源延伸长度为0.2～6km，宽度为70～500m，沉积厚度小于3m（图4-1）。

赣江中支的分支入湖后在朱港附近形成了一个指状形态砂体（BSD9），顺源延伸长度约为2.5km，宽度约为100m，沉积厚度小于3m（图4-1）。

赣江南支分支的南河入湖形成了一个指状形态砂体（BSD10），顺源延伸长度约为5km，宽度约为300m，沉积厚度小于3m；南支的多个分支入湖后在北边村附近形成多个相互交织的指状砂体，顺源延伸长度约为20km，宽度约为21km，指状砂体数量超过20个，并相互交汇、分叉，沉积厚度小于3m（图4-1）。

在鄱阳湖东北部发育章田河浅水三角洲，受地形限制，其上平原沉积范围较小，章田河未发生明显的分流。在下平原—前缘形成了两个指状形态砂体，指状砂体长约7km，宽约900m，砂体厚度小于4m（图4-5a）。

另外，在鄱阳湖东部莲湖乡东侧附近的局限湖区内形成了多个浅水三角洲，由饶河的一个支流供源形成（图4-5b）。在该区域，上平原沉积分布范围较小，下平原—前缘几乎将这一局限湖区充填完全。下平原—前缘发育3个指状形态砂体，位于局限湖区东侧，长约2km，宽约600m，厚度小于2m。

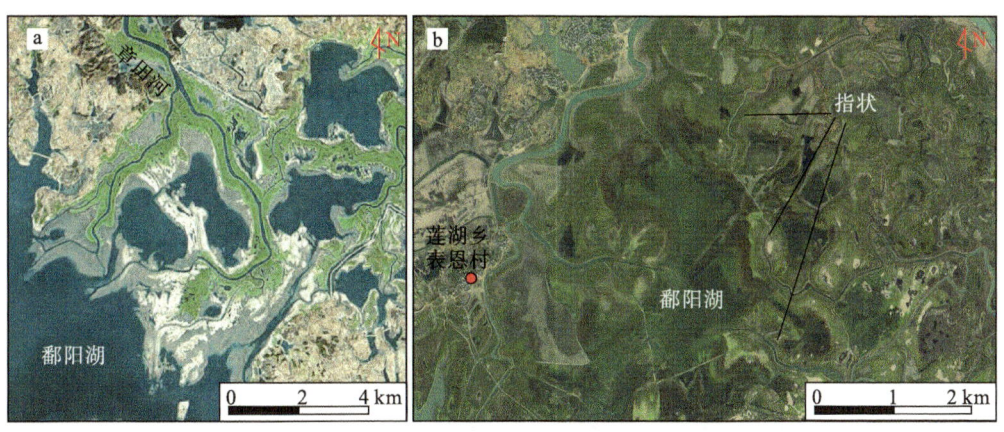

图4-5　章田河三角洲与莲湖乡东侧三角洲

（二）朵状砂体宏观分布特征

赣江三角洲中，朵状砂体仅发育一处，为日帽洲沉积。日帽洲的面积约为28 km²，顺源长度约为5.8 km，切源长度约为8.6 km，岸线长度约为27.5 km，岸线糙度约为4.7（图4-6a）。分流河道弯曲度较低、发育程度较高，数量超过30个，宽度为10～260 m（图4-6b）。其中，活动分流河道（末端分流河道除外）的数量少、宽度较大，多介于50～250 m之间，主要集中于日帽洲三角洲中部；废弃分流河道的数量多、宽度较小，多小于50 m，主要分布于日帽洲三角洲侧缘或活动分流河道之间。顺源方向上，分流河道仅发生3、4级分流，其中，1、2级分流河道数量少，但占主体，延伸长度与宽度大，分流河道的总延伸长度仅占分流河道总长度的2/3～3/4，而4级分流河道多为末端的小型分流河道（图4-6b）。

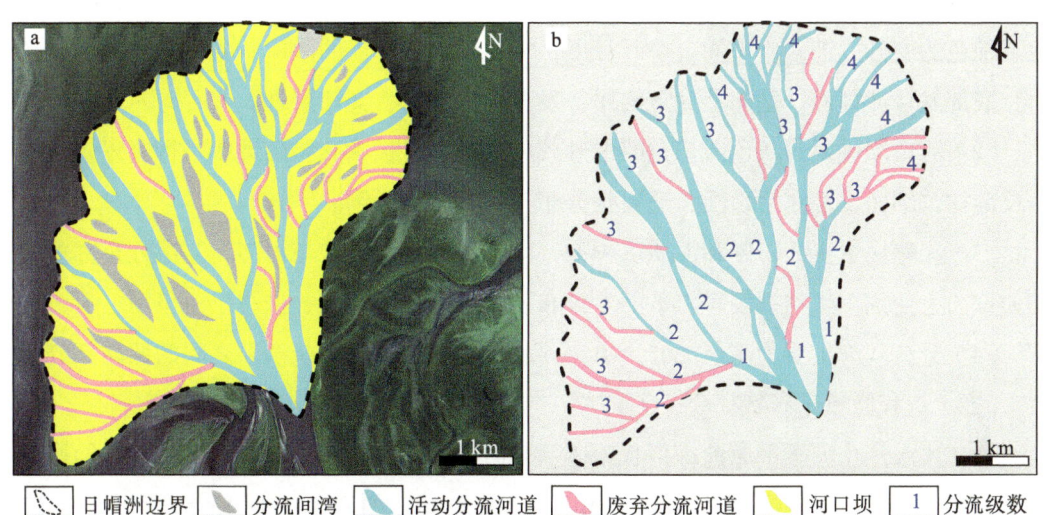

| | 日帽洲边界 | | 分流间湾 | | 活动分流河道 | | 废弃分流河道 | | 河口坝 | 1 | 分流级数 |

图4-6　日帽洲沉积内不同构型单元的平面分布（a）与分流河道的分流级次（b）

分流河道之间低洼部位发育离散、透镜状的分流间湾，共 22 个，沿着顺源方向展布，规模参差不齐，日帽洲中部分流间湾的长度可达到 2 km，面积约为 0.4 km² （图 4-6a）。分流间湾的面积与分流河道间的面积呈正相关，向下游方向，随着分流级数增加，分流间湾的面积逐渐减小（图 4-6）。

综上所述，鄱阳湖周边发育多个浅水三角洲沉积，集中于西岸，主要由赣江供源形成（即赣江三角洲）。下平原—前缘砂体以指状形态为主，也发育朵状砂体。

第二节　下平原—前缘砂体成因类型

鄱阳湖赣江三角洲下平原—前缘发育指状与朵状形态砂体，其成因类型尚不清楚。本节将从沉积微相类型与分布特征出发，分别阐述这两类砂体的成因类型。

一、指状砂体的成因类型

（一）沉积微相类型及特征

根据沉积物粒度、韵律及地貌特征，在指状砂体内识别了 4 种沉积微相类型，包括河口坝、坝上分流河道、天然堤，指状沙坝间发育分流间湾（图 4-7）。不同类型沉积微相的特征如下：

（1）分流河道主要为中细砂沉积，垂向上呈正韵律，剖面形态呈顶平底凸，可深切或切穿河口坝。分流河道内可发育分流水道及点坝。分流水道底部主要为中砂，可见冲刷界面，分流水道废弃后，内部会充填粉砂及含植物碎屑的暗色泥质沉积；点坝沉积主要为灰色或棕色的中砂或细砂，平面上呈新月形，分布于分流水道的凸岸一侧，剖面上呈顶平底凸，底部发育冲刷面，垂向上为正韵律，发育槽状或楔状交错层理。

（2）河口坝主要为灰色或棕色的中砂或细砂，发育板状交错层理或平行层理，垂向上为反韵律，剖面上呈底平顶凸，呈翼状分布于分流河道两侧。

（3）天然堤主要为粉砂和泥质沉积物，颜色为棕色，粉砂与泥多为互层分布，垂向上均质或向上变细，植物根发育，平面上分布于分流水道两侧，并披覆于河口坝之上。

（4）分流间湾主要为暗色泥岩，植物碎屑发育，分布于指状沙坝之间的低洼部分。

（二）沉积微相分布特征

赣江浅水三角洲下平原前缘指状砂体呈弯曲指状，基于浅钻孔资料发现，它们均由河口坝、坝上分流河道和天然堤组成（图 3-5、图 3-10、图 4-8）。坝上分流河道深切或者切穿河口坝，呈现"河在坝内"的河—坝组合样式，在坝上分流河道两侧，天然堤披覆于

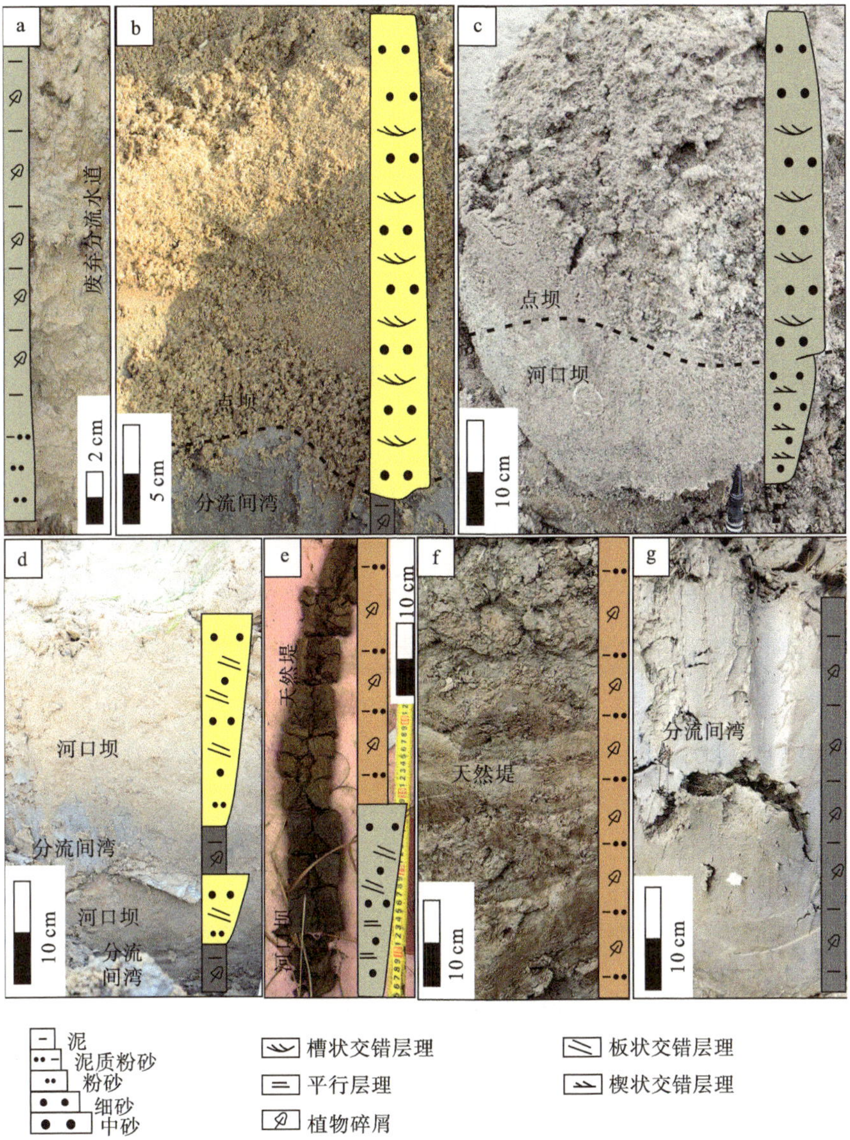

图4-7 鄱阳湖指状沙坝内废弃分流水道（a）、点坝（b、c）、河口坝（c～e）、
天然堤（e、f）与分流间湾（b、d、g）的典型照片

河口坝之上，指状沙坝之间为分流间湾（图4-8）。坝上分流河道内可发育分流水道与点坝沉积（图4-8）。

根据 Fisk 等（1954）及 Donaldson（1974）对指状沙坝的定义，这些指状砂体均为指状沙坝沉积，即由河口坝、坝上分流河道和天然堤组成，坝上分流河道下切河口坝，呈现"河在坝内"的河—坝组合样式，指状沙坝之间由分流间湾相隔。

据此，赣江三角洲内指状砂体的成因类型应为指状沙坝。

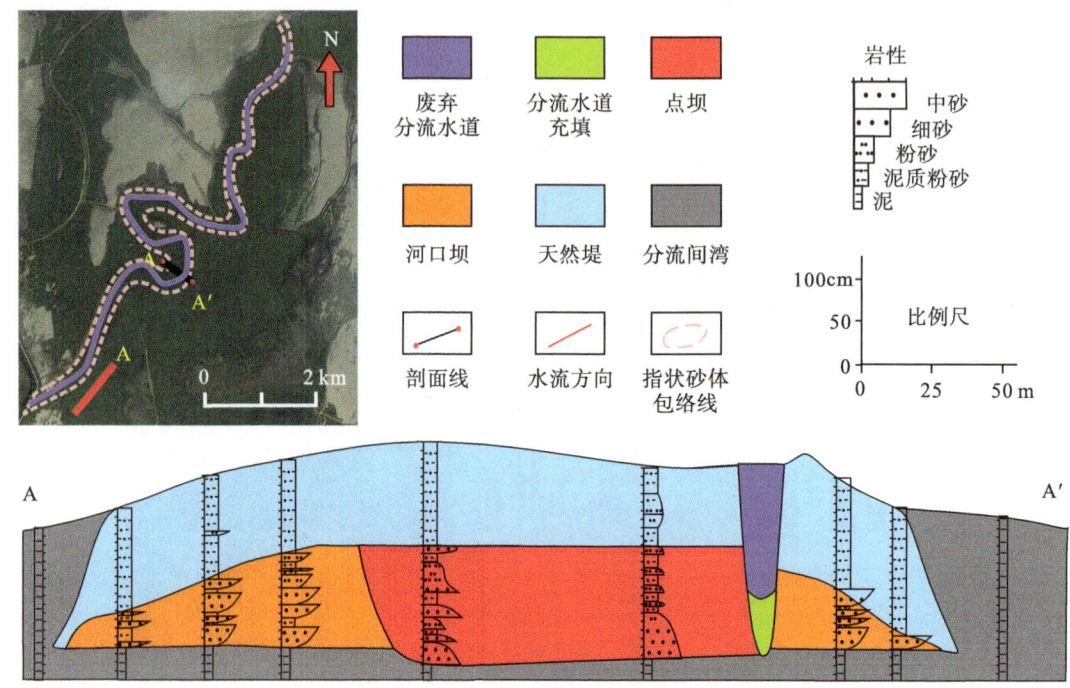

图4-8　赣江北支指状砂体BSD5的构型剖面

二、朵状砂体的成因类型

（一）沉积微相类型及特征

鄱阳湖日帽洲沙质沉积物以细—粉砂为主，根据沉积学与沉积地貌特征，可以识别出4种沉积微相类型：

（1）分流河道：包括活动与废弃分流河道。活动分流河道表现为过水的下切地貌，分流河道底部以浅黄色细砂沉积为主，含少量小砾（图4-9a）；废弃分流河道全部或部分被浅黄色细粉砂充填，呈正韵律，未被充填部分保留滞留水体（图4-9b）。

（2）天然堤：浅黄色粉砂—灰色泥岩互层沉积（图4-9c），发育于分流河道两岸，呈现高地貌（图4-9d），沉积于河口坝之上。

（3）河口坝：以灰色细砂为主，由多期的反韵律增生体组成，单一反韵律增生体间发育泥质增生层（图4-9e），河口坝多发育于分流河道两侧。

（4）分流间湾：浅黄色—灰色泥质沉积，含少量粉砂（图4-9f），发育于河口坝之间的低洼处，洪水期被湖水淹没。

此外，日帽洲三角洲沉积之下发育1套厚层的灰黑色质纯、暗色、高黏性湖泥沉积（图4-9g）。

a. 活动分流河道底部沉积；b. 废弃分流河道与下部湖相泥质沉积；c. 天然堤沉积；
d. 天然堤高地貌；e. 河口坝；f. 分流间湾；g. 湖相泥质沉积。

图4-9 日帽洲沉积内不同构型单元的典型照片

（二）沉积微相分布特征

通过多次地质勘测，在日帽洲中部选取了1条切物源剖面，钻取了14个3 m左右的浅钻孔并取样分析（图 4-10b 中 C1 ～ C14），精细描述了沉积序列；另一方面，利用加拿大 IDS 公司 200 MHz 的探地雷达（GPR）设备，获取了 4 条高分辨率的 GPR 剖面（图 4-10a 中 GPR1 ～ GPR4）。通过浅钻孔数据标定 GPR 剖面，建立了 1 条日帽洲沉积微相剖面（位置如图 4-10b 中 A—A′ 所示），剖面长度达到 1.8 km，跨越 3 条分流河道、4 个分流间湾，以阐明沉积微相分布特征。

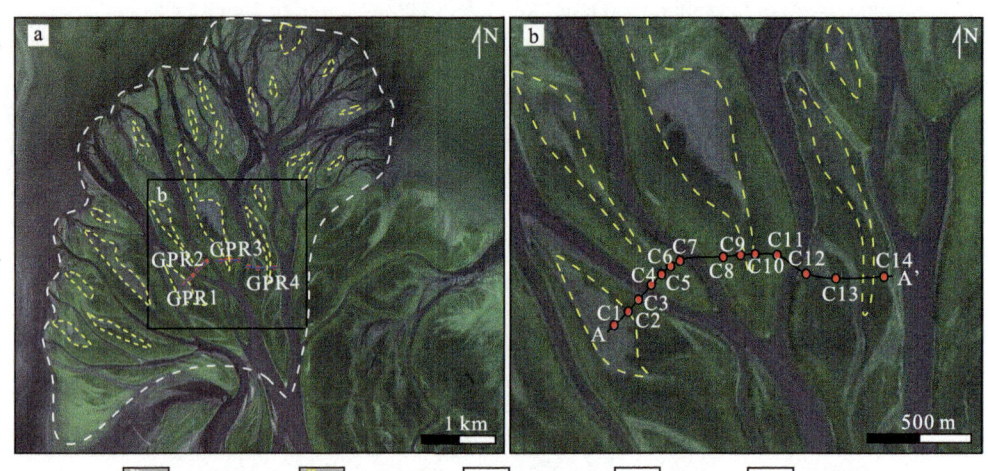

a. 分流间湾分布及GPR剖面勘测位置；b. 浅钻孔与沉积构型剖面位置。

图4-10 日帽洲沉积的地质勘测位置与分流间湾的分布

GPR 剖面与浅钻孔标定发现，河口坝由多期反韵律中—细—粉砂组成，GPR 反射同相轴呈楔状，同相轴向分流河道侧缘方向收敛，河口坝厚度减薄，可细分为多期增生层；天然堤由多期粉砂质泥岩—泥质粉砂互层沉积组成，GPR 反射同相轴呈近水平状，披覆于河口坝之上；废弃河道充填由多期正韵律中—细—粉砂组成，GPR 反射同相轴呈下凸状，反映下切形态，规模较小（图 4-11）。

从沉积微相剖面图中可以看出（图 4-12），分流河道两侧发育河口坝沉积，天然堤披覆于河口坝之上。河口坝呈底平顶凸形态，由多期上拱状的泥质增生层与砂质增生体组成。邻近分流河道的部位地势较高，河口坝厚度较大（可达到 2 m）、粒度较粗（中—细沙），而天然堤的厚度同样较厚（多为 0.3 ～ 1 m），如 C11、C12 钻孔位置。远离分流河道的部位地势较低，河口坝厚度较薄、粒度较细（细—粉砂），而天然堤的厚度可薄可厚，如 C10、C13 钻孔位置。在地势最低的部分，对应于分流间湾沉积，河口坝不发育，浅钻孔主要获取泥质沉积，如 C1 钻孔位置。探地雷达剖面也表现为河口坝尖灭，局部可发育天然堤沉积（两侧天然堤相接），如 C5 钻孔位置，在分流间湾内可见废弃的决口水道沉积，如 C9 钻孔位置。

基于沉积微相分布的分析结果发现，日帽洲砂体是由多个指状（条带状）的砂体侧向拼接而成，指状砂体由分流间湾相隔（图 4-12）。在指状砂体内部，分流河道下切于河口坝中部，形成"河在坝内"的剖面样式，河口坝呈翼状，天然堤披覆于河口坝之上，河口坝之间由分流间湾相隔（图4-12）。根据前人的观点（Fisk，1955；Donaldson，1974；吴胜和等，2019），这种指状砂体应为典型的指状沙坝成因，并非分流沙坝成因砂体（"河在坝间"，河口坝连片分布，间湾发育程度低）。其形似树枝，可成为树枝状沙坝。

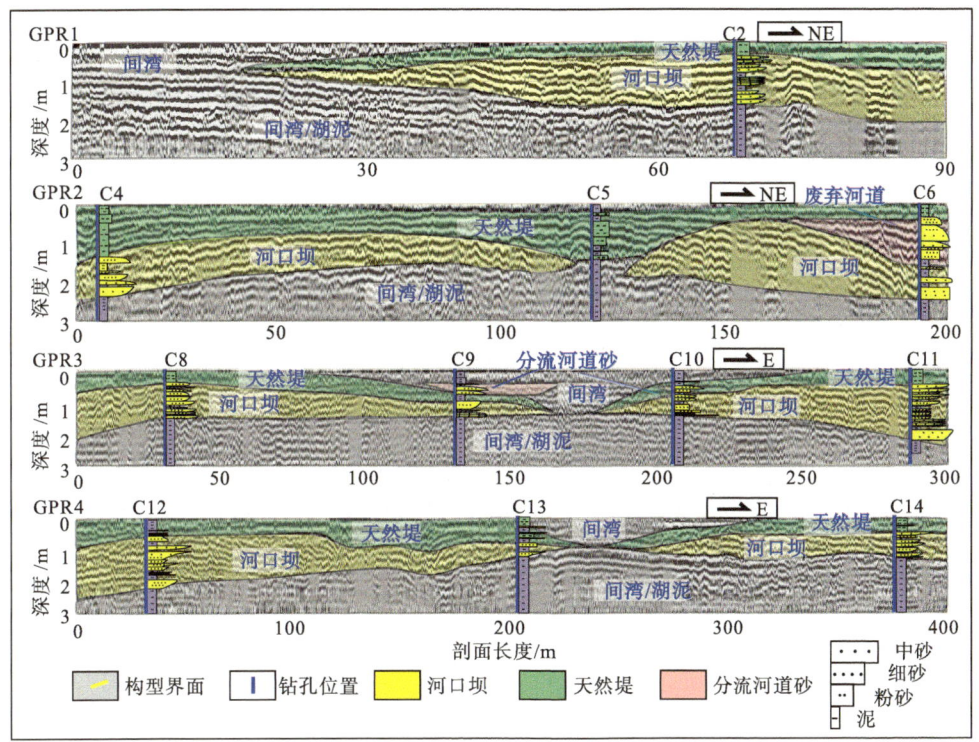

图4-11　基于GPR与浅钻孔的日帽洲沉积构型横剖面（地面拉平，剖面位置见图4-10a）

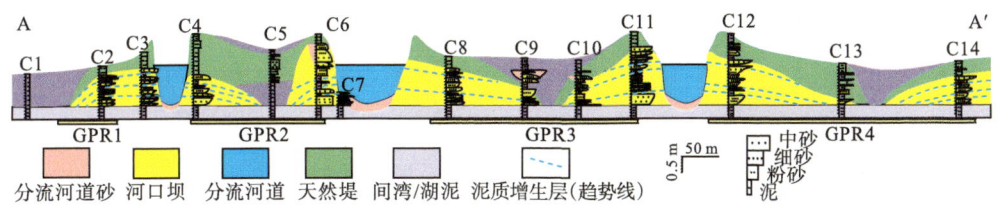

图4-12　日帽洲切物源沉积构型长剖面（剖面位置见图4-10b）

据此，赣江三角洲内朵状砂体的成因类型同样为指状沙坝。这种朵状的指状沙坝型砂体与传统的朵状分流沙坝型砂体是不同的。对于朵状分流沙坝型砂体，分流河道伴随着河口坝的形成而不断分流，并分布于河口坝两侧，形成了"河在坝间走"的剖面样式，多级的、近距离的分流河道—河口坝沉积侧向相接，形成连片的朵状三角洲，分流间湾不发育，如沃克斯湖三角洲（图1-9）。

综上所述，鄱阳湖下平原—前缘的指状与朵状砂体均为指状沙坝成因，指状沙坝侧向

拼接后可以形成不同的平面组合样式，组合样式将在第五章相似阐述。

第三节　指状沙坝的沉积过程与形成条件

上一节证实了鄱阳湖赣江三角洲下平原—前缘发育的砂体为指状沙坝成因。本节将综合历史卫星地图与沉积数值模拟，阐述指状沙坝的沉积过程，揭示指状沙坝的形成条件。

一、指状沙坝的沉积过程

历史卫星地图记录了鄱阳湖东部莲湖乡附近一个指状形态指状沙坝的沉积过程（图 3-3）。从历史卫星地图可以看出，在 1984 年，该处仅发育一支指状沙坝，在 1984—1994 年期间，沿着南西方向不断向湖盆延伸，分流河道没有发生分流；在延伸约 3km 左右后，在 1994 年，分流河道在近源位置发生决口，并在该指状沙坝北侧形成一条新的指状沙坝，原来的指状沙坝逐渐停止生长，新的指状沙坝依然沿着南西方向不断向湖盆延伸，直至目前，分流河道没有发生分流。

另外，本书进行了沉积数值模拟分析，参考日帽洲北支指状沙坝的沉积条件，模拟浅水三角洲指状形态指状沙坝的沉积过程（图 4-13）。模拟参数如下：水流沉积物浓度为 $0.10kg/m^3$，沉积物粒度中值约为 0.1mm，沉积物黏度为 $2.0N/m^2$，盆地底形坡度为 0.04°，河口处盆地水深为 0m。图 4-13 反映了一个浅水三角洲指状沙坝的沉积数值模拟过程，其沉积过程与历史卫星地图所示的沉积过程相似：在河流进入水体后，分流河道因河口坝的沉积发生分流，形成了两个不均衡的次级河道，弱水动力的次级河道很快废弃，强水动力的次级河道向湖盆延伸并形成了一条指状沙坝。在次级河道延伸到一定长度后，在近源位置发生了决口，形成新的分流河道与指状沙坝。由于推悬比低，河道分流频率较低，且多形成极不均衡的分流，最终形成由少量指状沙坝和分流间湾组成的浅水三角洲。

单一指状沙坝的形成可以划分为以下几个阶段：（1）河流进入水体后在河口处沉积，形成小型朵叶体；（2）河道向前延伸并在两侧形成天然堤；（3）由于天然堤的稳固，河道不断向前延伸，重复上述过程，逐渐形成指状的河口坝—河道—天然堤复合体（吴胜和等，2019）。

指状沙坝内分流河道在向顺源方向延伸过程中较为稳定，不发生或很少发生分流，往往形成一条指状沙坝沉积，在分流河道延伸一定长度后，会发生决口并形成一条新的指状沙坝，循环往复，形成指状形态的指状沙坝。

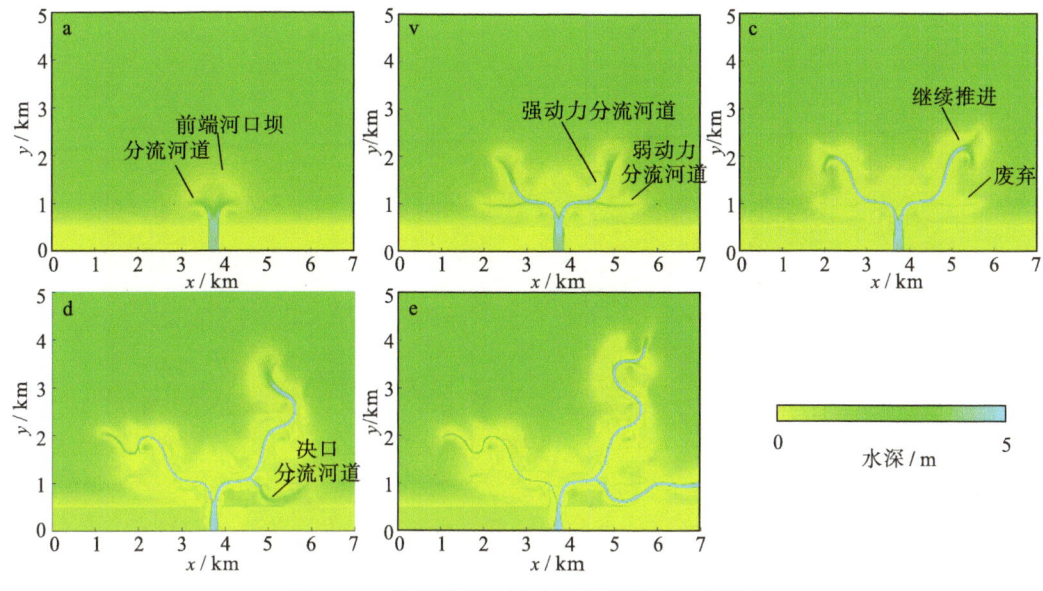

图4-13　细粒高黏性浅水三角洲数值模拟结果

二、指状沙坝的形成条件

低频率的河道分流是指状沙坝形成的关键，这就需要分流河道具有较高的稳定性。弱盆地能量与稳定的天然堤有利于分流河道的稳定。稳定的天然堤又与细粒高黏的沉积物供给、温暖潮湿的气候、季节性湖平面变化有关。

（一）弱盆地能量

盆地能量包括波浪与潮汐作用。波浪与潮汐会对河口坝及分流河道产生明显改造作用，会降低分流河道的稳定性。以鄱阳湖为代表的现代湖盆中常见指状沙坝沉积，而波浪和潮汐作用较强的海盆中指状沙坝发育情况较少。密西西比河鸟足状三角洲发育鸟足状形态也是由于河流作用较强，Galloway（1975）将其作为河控三角洲的典型代表。因此，弱盆地能量有利于指状沙坝形成。

鄱阳湖盆不受潮汐作用影响。地质勘测发现，在日帽洲沉积末端不发育明显的波痕等波浪成因的沉积构造（图4-14）。因此，赣江三角洲沉积受波浪及潮汐影响很小。

（二）细粒高黏的沉积物供给

细粒沉积物在分流河道中主要为悬移质搬运方式，有利于天然堤的加积，提高分流河道的稳定性；粗粒沉积物在分流河道中主要为推移质搬运方式，有利于河口坝的形成，促进分流河道分流；细粒沉积物的高黏性能够增加天然堤稳固性（Edmonds et al.，2010；Caldwell et al.，2014；Burpee et al.，2015）。因此，细粒高黏的沉积物供给有利于提高分流河道的稳定性，从而有利于指状沙坝的形成。

图4-14　日帽洲沉积末端

这里采用水槽实验模拟细粒高黏性与粗粒非黏性沉积物供给条件下的浅水三角洲形成（图4-15、图4-16）。从模拟结果来看，细粒高黏性沉积物供给条件下浅水三角洲砂体表现为指状沙坝型，分流河道下切于河口坝砂体中部，分流河道两侧加积了细粒黏性的天然堤沉积，使得分流河道的稳定性很高，在顺源延伸过程中未发生分流作用。在延伸一定距离后，在近源位置发生决口，形成新的分流河道及指状沙坝沉积，在指状沙坝之间可见明显的分流间湾（图4-15）。随着新的指状沙坝的不断形成，模拟至21h时，细粒黏性浅水三角洲便表现为树枝状形态。

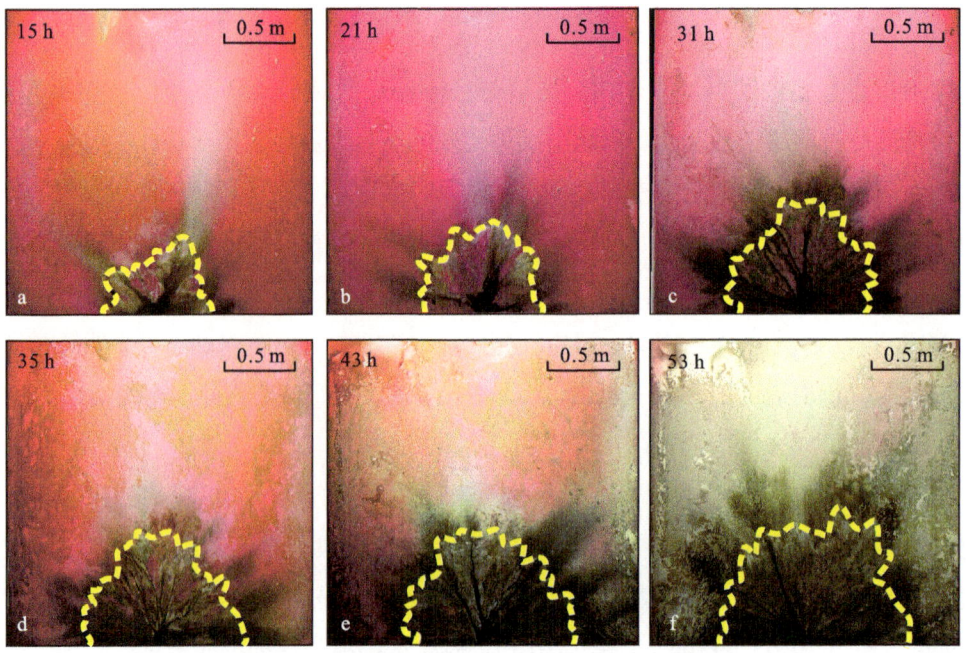

图4-15　细粒高黏性浅水三角洲的水槽实验结果

在非黏性、较粗粒沉积物条件下，水槽模拟实验得到的是分流沙坝型朵状浅水三角洲。在该三角洲中，分流河道稳定性差，其两侧天然堤发育程度低，初始入湖便开始发生分流，在顺源延伸过程中发生了多级分流并不断改道，形成了朵状、连片的砂体，分流间湾不发育（图 4-16）。

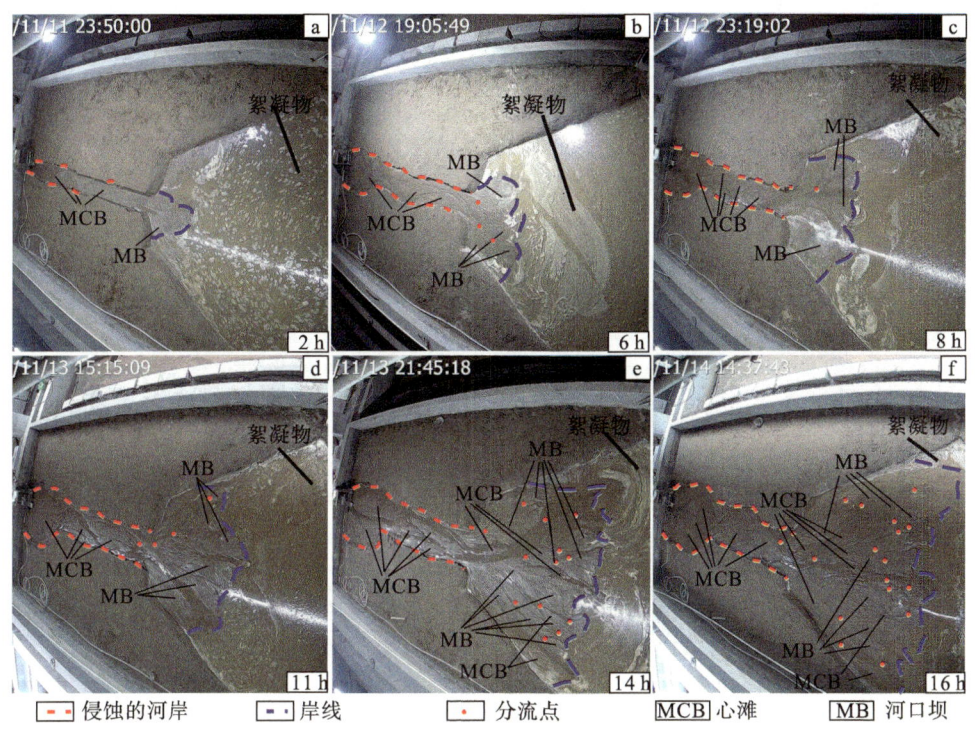

图4-16　粗粒非黏性浅水三角洲的水槽实验结果

水槽模拟实验表明，细粒度、高黏性沉积物供给有利于浅水三角洲指状沙坝的形成，分流河道稳定性高；而粗粒度、低黏性沉积物供给有利于浅水三角洲分流沙坝的形成，分流河道不稳定。

另外，本次研究进行了沉积数值模拟分析，模拟了细粒高黏性与粗粒非黏性沉积物供给条件下的浅水三角洲沉积过程（图 4-13、图 4-17）。两个模拟中，水流沉积物浓度（0.10kg/m³）、盆地底形（坡度 0.04°）、河口处盆地水深（0m）是相同的。对于细粒高黏性的沉积物供给条件，沉积物粒度中值约为 0.1mm，沉积物黏度为 2.0N/m²；对于粗粒非黏性的沉积物供给条件，沉积物粒度中值约为 0.3mm，沉积物黏度为 0.1N/m²。

从沉积数值模拟结果中可以看出，在细粒黏性沉积物供给条件下，浅水三角洲表现出指状沙坝沉积特征，分流河道较为稳定，在顺源延伸过程中没有发生分流，仅在延伸一定长度后发生决口并形成新的分流河道及指状沙坝沉积。最终，指状沙坝表现为鸟足状的平面组合样式（图 4-13）。在粗粒非黏性沉积物供给条件下，浅水三角洲表现出分流沙坝沉

积特征,分流河道下切于河口坝边部(图4-18),并随着河口坝沉积而发生多级分流并频繁改道,最终形成了连片的朵状砂体,岸线光滑(图4-17)。

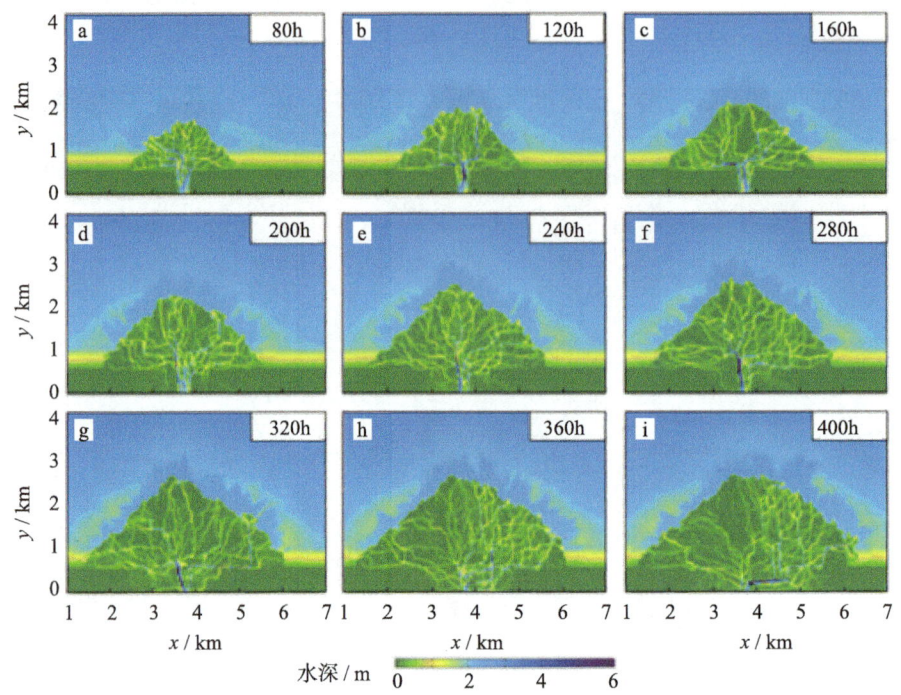

图4-17　粗粒非黏性浅水三角洲数值模拟结果

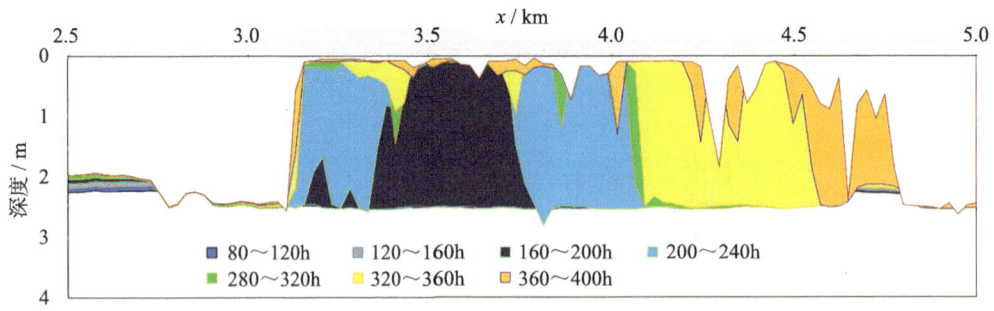

图4-18　非黏性粗粒浅水三角洲在顺源2.3km处的水深变化的横剖面

综上所述,细粒高黏的沉积物供给是指状沙坝形成的必要条件。地质勘测发现,赣江三角洲指状沙坝的粒度较细,以细粉砂沉积为主(图4-19),其中,分流河道与河口坝的粒度较粗,以细砂为主(Φ为2～4),而天然堤的粒度较细,以粉砂为主(Φ为4～8);沉积物黏性主要体现在粉砂及泥质沉积上,黏度为$1.0～2.0\mathrm{N/m^2}$。因此,赣江三角洲是在细粒高黏的沉积物供给条件下形成的,与水槽实验、沉积数值模拟条件相似,为指状沙坝的形成提供了必要条件。

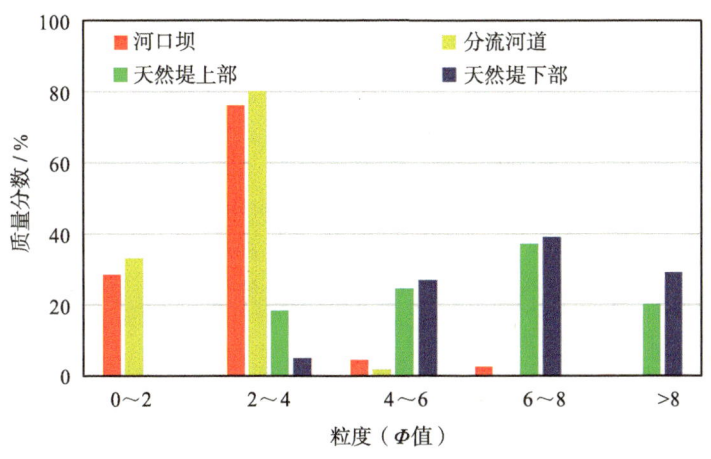

图4-19　赣江三角洲指状沙坝内不同类型沉积物的粒度特征

（三）温暖潮湿的气候

温暖潮湿的气候有利于天然堤之上的植被发育，而植被的发育有利于提高分流河道的稳定性，进而促进指状沙坝的形成。具体原因如下：（1）植被影响着水流与沉积底形之间的黏度，植被越发育，两者之间的黏度越大，分流河道越稳定（Edmonds et al.，2010；Caldwell et al.，2014）；（2）植物的发育对水流具有明显的阻碍作用，天然堤的植物越密、越高，对水流的阻碍越明显，水流越集中于分流河道内；（3）植物根可以增加天然堤的稳固性（Nardin et al.，2014，2016）。前人通过沉积数值模拟证实了植被发育程度对分流河道稳定性的影响（Nardin et al.，2014，2016）（图1-15）。

因此，温暖潮湿气候是指状沙坝形成的有利条件。鄱阳湖区属亚热带季风气候，一方面，气候温和，年均气温18℃，7月份气温最高，月均30℃；另一方面，潮热多雨，年均降水一般约为1600mm。在这样的温暖潮湿气候环境下，鄱阳湖内植被繁茂，在下平原—前缘分流河道两岸的天然堤之上常见莎草科与芦苇等植被（图4-20），这些植被会明显阻碍水流，提高分流河道的稳定性，有利于指状沙坝的沉积。

（四）季节性湖平面变化

为考虑季节性湖平面变化对指状沙坝的控制作用，设置两个沉积数值模拟，分别为 S_1 与 S_2。其中，S_1 以平均化的季节性的赣江排量变化数据与鄱阳湖水位变化数据位参考（周刚，2012），设置模拟过程中的河流排量与水位变化，变化曲线如图4-21所示，河流排量变化幅度为3500m³/s，相对湖平面变化的变化幅度为7.6 m；S_2 不设置季节性的河流水排量与湖平面变化，供给河流的平均水排量与湖盆平均水位分别保持为1600 m³/s 与2.5m。S_1 与 S_2 模拟相比，两者的河流的平均水排量与湖盆平均水位相同，其他模拟参数也保持一致。

图4-20 赣江浅水三角洲指状沙坝内分流河道两岸的植被

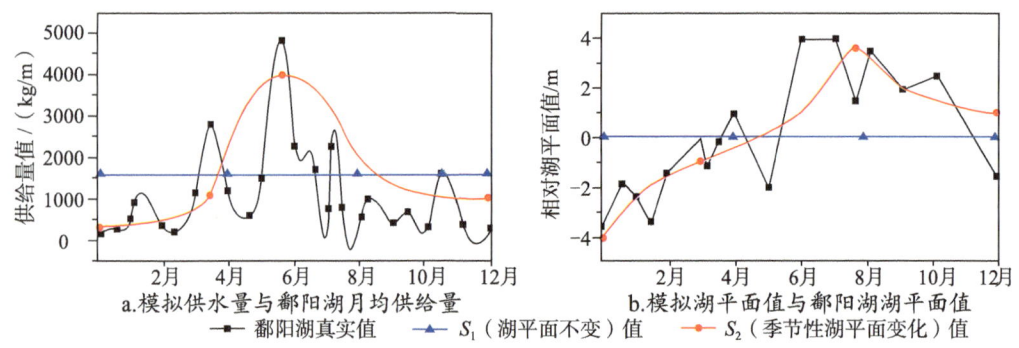

a.模拟供水量与鄱阳湖月均供给量　　　　b.模拟湖平面值与鄱阳湖湖平面值

■— 鄱阳湖真实值　　▲— S_1（湖平面不变）值　　●— S_2（季节性湖平面变化）值

图4-21 数值模拟湖平面值、供水量值与鄱阳湖真实值对比

　　基于沉积模拟结果可以看出，季节性气候下与无季节性气候下的浅水三角洲指状沙坝沉积具有明显的差异（图4-22）。季节性气候变化情况下，浅水三角洲由少量的指状沙坝组成，仅发育3个延伸较长的指状沙坝，指状沙坝未发生明显的汇合；局部存在小规模的指状沙坝，分布于3个主要的指状沙坝之间，延伸距离短、宽度小，从而形成了相对简单的指状沙坝网络，呈现出鸟足状的平面形态。

　　基于沉积数值模拟结果，可以认为，指状沙坝的沉积特征会受到季节性湖平面变化的影响。湖平面下降，河口处的水深减小，分流河道不断向湖盆延伸，河口坝随之快速沉积，又导致分流河道的分流与决口。若湖平面上升，河流供给沉积物中的细粒悬浮物质增加并在分流河道两侧沉积，导致天然堤不断加积增厚，主干分流河道的稳定性增强，而次

级分流河道被充填废弃；河口处的水深增加导致分流河道难以进积，反而发生退积作用。因此，指状沙坝的进积和末端多支分流河道的形成，与季节性湖平面下降密切相关；天然堤的加积增厚和分流河道的废弃优选，与季节性湖平面上升密切相关。

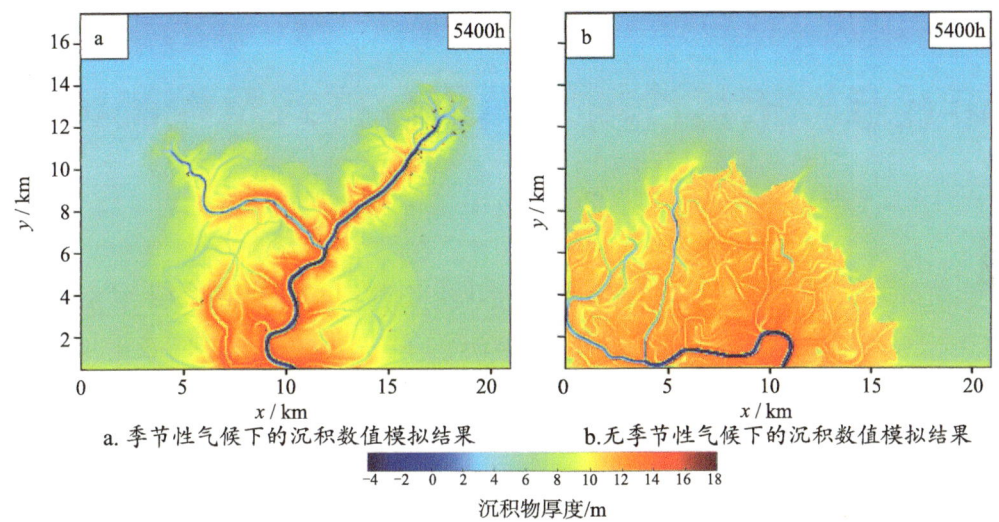

图4-22　浅水三角洲指状沙坝的沉积物厚度平面分布图（据马福康等，2024）

　　季节性湖平面变化往往与河流流量具有正相关关系，枯水期的湖平面低、河流流量小，洪水期的湖平面高、河流流量大。从枯水期至洪水期，湖平面上升，河流流量增加，沉积物容易溢出分流河道两岸，天然堤加积增厚，分流河道废弃优选，有利于形成数量少、延伸远的指状沙坝；从洪水期至枯水期，湖平面下降，河流流量降低，沉积物集中于分流河道内部，天然堤停止发育，指状沙坝的快速进积。受到季节性气候的影响，形成了不断向湖盆稳定延伸的弯曲指状沙坝沉积，指状沙坝的数量少，表现出鸟足状的形态样式（马福康等，2024）。

　　综上所述，在弱盆地能量、细粒高黏沉积物供给、温暖潮湿气候与季节性湖平面变化背景下，有利于形成指状沙坝。这一背景与赣江三角洲的沉积背景相同，揭示了赣江三角洲指状沙坝的成因机理。

第五章　指状沙坝平面组合样式及控制因素

　　鄱阳湖赣江三角洲指状与朵状砂体均为指状沙坝成因，但是，由于指状沙坝的平面组合样式不同，导致砂体的平面分布样式也有着明显的差异。本章将根据平面组合样式，建立指状沙坝的系统分类，阐明不同类型指状沙坝的形态样式与控制因素。

第一节　指状沙坝的平面组合样式

　　根据平面组合特征，赣江三角洲指状沙坝可分为 4 种平面组合样式，包括单一蛇状、鸟足状、交织状及树枝状（吴胜和等，2019）。本节将介绍不同平面组合样式指状沙坝的具体特征。

一、单一蛇状指状沙坝

　　单一蛇状的指状沙坝仅由一个指状沙坝组成，其分流河道未发生分流或决口，而不断向湖盆方向延伸，指状沙坝发育稳定的分流间湾。这类指状沙坝在鄱阳湖赣江浅水三角洲内较为常见，如赣江西支在横岭港形成的 BSD1、瓜洲河在杨家港形成的 BSD2、南河在五星农场附近形成的 BSD10（图 4-1、图 5-1）。

　　在其他地区也发育浅水三角洲单一蛇状指状沙坝，如湖南东洞庭湖藕池河浅水三角洲指状沙坝（图 5-2a）、美国 Oxbow 湖浅水三角洲指状沙坝（图 5-2b）。

二、鸟足状指状沙坝

　　鸟足状指状沙坝由多个分支状的指状沙坝组成（指状沙坝个数多小于 10 个），形似鸟足，其分流河道仅发生若干次分流或决口，指状沙坝之间由稳定的分流间湾相隔，分流河道沿着不同方向向湖盆延伸，不同指状沙坝之间没有发生交汇。这类三角洲在鄱阳

湖内也较为常见，如赣江北支在陶家港附近形成的 BSD6（图 5-3a），官港河在茶叶港附近形成的指状沙坝（BSD7、BSD8 的复合体，图 5-3b）、鄱阳湖东北部的章田河三角洲（图 4-5a）、莲湖乡东侧的鸟足状指状沙坝（图 5-3c）。

a.赣江西支在横岭港形成的BSD1；b.瓜洲河在杨家港形成的BSD2；
c.南河在五星农场附近形成的BSD10。

图5-1　赣江浅水三角洲单一蛇状指状沙坝

图5-2　湖南藕池河（a）与美国Oxbow湖（b）浅水三角洲单一蛇状指状沙坝

在其他地区也发育浅水三角洲鸟足状指状沙坝，如加拿大 Birch 河三角洲指状沙坝（图 5-4a）与克莱尔湖三角洲指状沙坝（图 5-4b）。

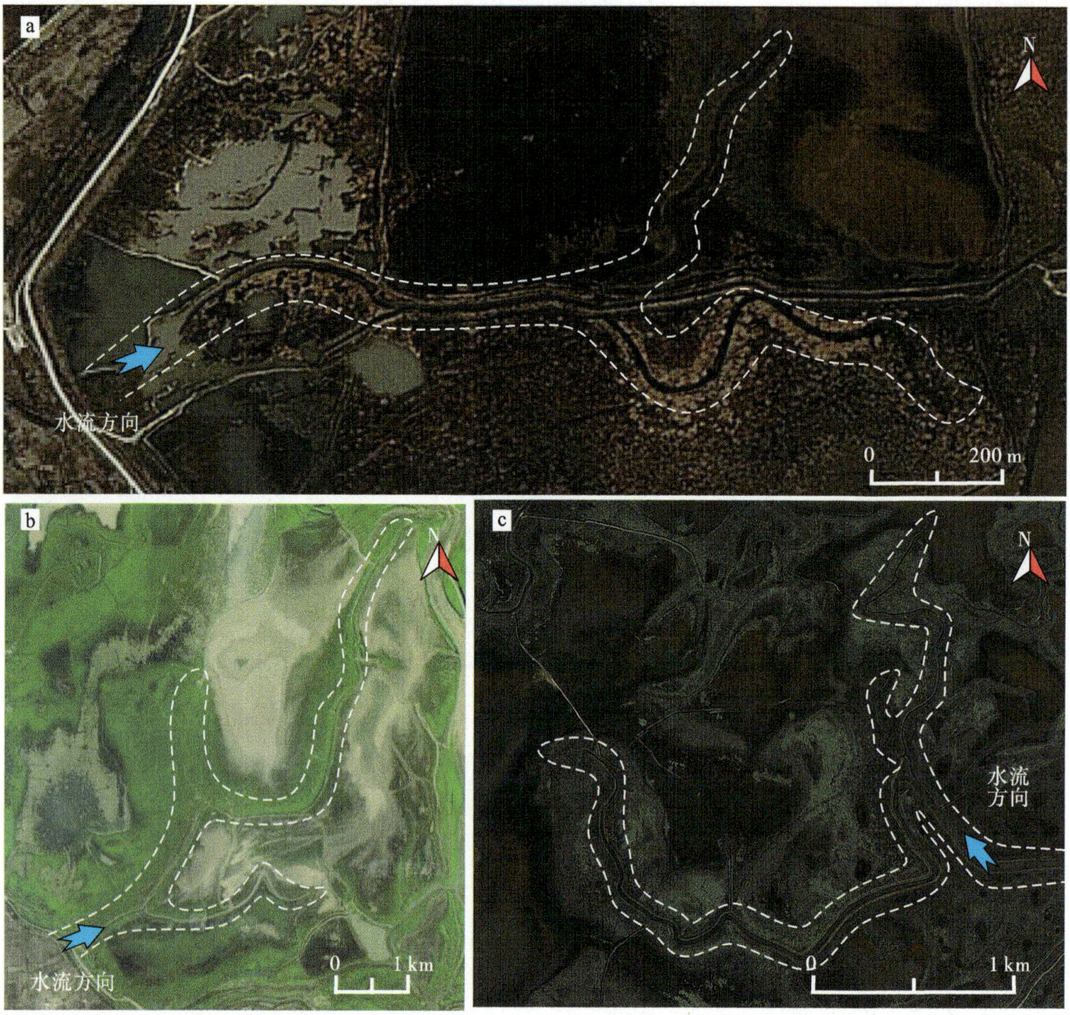

a.赣江北支在陶家港附近形成的BSD6；b.官港河在茶叶港附近形成的指状沙坝；

c.莲湖乡东侧的鸟足状指状沙坝。

图5-3 鄱阳湖浅水三角洲鸟足状指状沙坝

三、交织状指状沙坝

交织状指状沙坝由多条相互交织的指状沙坝侧向拼接而成，指状沙坝发生频繁汇合、叉开，形成交织状的指状沙坝网络，分流间湾发育程度较高，但被指状沙坝分隔为离散透镜状。在鄱阳湖内，这类指状沙坝仅见于北边村附近，是由双岭河、严家河、太子河、黄皮河等多供源分流河道供给形成的（图4-1、图5-5）。

在其他地区也发育浅水三角洲交织状指状沙坝，如加拿大 Athabasca 河三角洲指状沙坝（图5-6）。

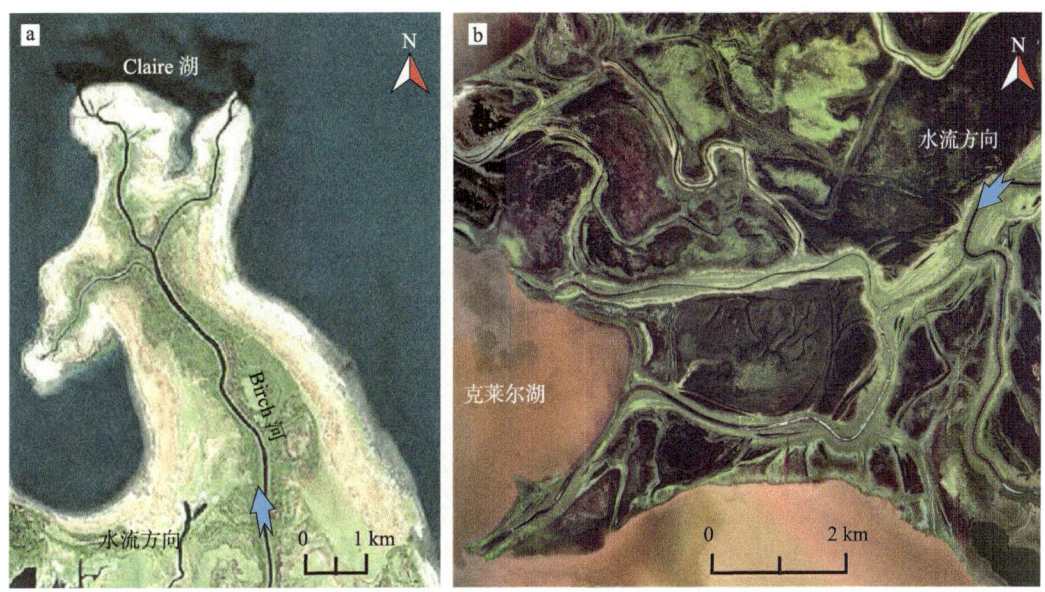

图5-4　Birch河（a）与克莱尔湖（b）浅水三角洲鸟足状指状沙坝

图5-5　赣江浅水三角洲交织状指状沙坝

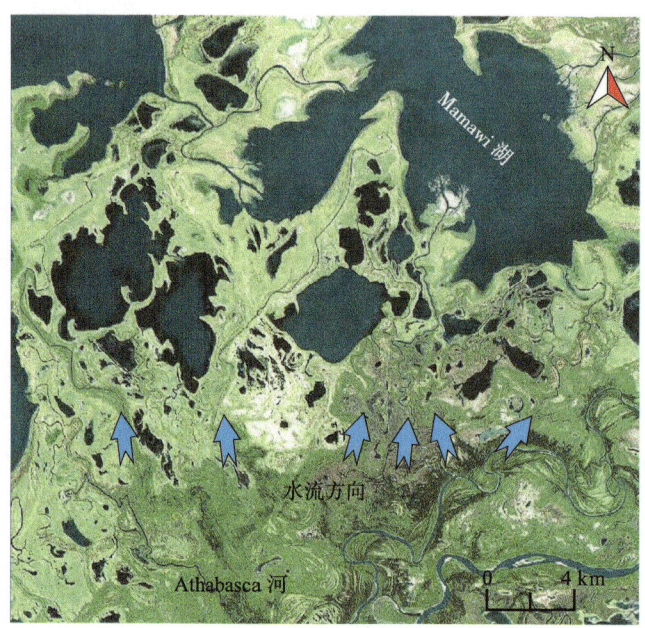

图5-6　Athabasca河浅水三角洲交织状指状沙坝

四、树枝状指状沙坝

在鄱阳湖内，这类指状沙坝仅见于日帽洲（图4-6）。日帽洲内部的分流河道形似树枝的主枝与侧枝一样，据此将其细分为主支分流河道与侧支分流河道。主支分流河道宽度较大、延伸长、数量少，发育于树枝状沙坝近源端并一直延伸至末端，顺源方向宽度减小不明显，形成期活动时间长，主要位于树枝状沙坝中部，形似主枝，并携带沉积物形成主支沙坝；侧支分流河道的宽度较小、延伸较短、数量多，顺源方向宽度会随着分流明显减小，主要为主支指状沙坝侧向或末端的小型分流河道，形成期活动时间短，分布于树枝状沙坝两侧、主支指状沙坝之间，形似侧枝，并携带沉积物形成侧支沙坝（图4-6）。

由此，我们定义，树枝状指状沙坝由不断分支的指状沙坝组成，分流河道通过多次分流或者决口，形成了树枝状的分流河道网络及指状沙坝沉积，不同指状沙坝之间可发生一定程度的汇合，指状沙坝之间发育不稳定、透镜状的分流间湾沉积，向湖盆方向指状沙坝之间分流间湾的发育程度变低（徐振华等，2024）。树枝状指状沙坝相互拼接，形成了宏观上朵状形态的砂体。

在其他地区也发育浅水三角洲树枝状指状沙坝，如美国Atchafalaya三角洲树枝状指状沙坝（图5-7）。前人认为Atchafalaya三角洲为一个分流沙坝型朵状三角洲（van Heerden，1983），但从剖面中可以看出（图1-10），分流河道两侧的沉积物粒度较粗，而在距离分流河道较远的河口坝中部位置，沉积物粒度较细（如图1-10中的钻孔6与钻孔

7），并且在河口坝中部位置也表现出低洼地貌。因此，Atchafalaya 三角洲应为一个树枝状的指状沙坝沉积。

图5-7 阿查法拉亚河浅水三角洲树枝状指状沙坝

第二节 指状沙坝组合样式的控制因素

指状沙坝可发育 4 种组合样式，其差异主要体现在指状沙坝的数量、连片程度与交织程度上。由单一蛇状到鸟足状再到树枝状，表现为指状沙坝的数量逐渐增加；树枝状指状沙坝连片程度较高，指状沙坝之间分流间湾不稳定；而交织状指状沙坝不仅表现为分流河道数量较多，更主要的是指状沙坝之间相互交织。因此，本节将从指状沙坝数量、连片程度与交织程度三个方面出发，分析指状沙坝不同组合样式的控制因素与控制机理，明确不同平面组合样式指状沙坝的形成条件。

一、指状沙坝数量的控制因素与机理

赣江三角洲下平原—前缘各分支分流河道入湖后，形成指状沙坝个数差异明显，北支入湖形成的指状沙坝个数较少，而中支形成的个数较多。本节将从供源河流与盆地水深条件两方面，考虑指状沙坝个数的控制因素与机理。

（一）供源条件对指状沙坝个数的控制作用

供源河流的水排量，沉积物浓度、粒度及黏度均影响着三角洲地貌特征，如分流河道的数量，那么这些沉积条件不同，形成的指状沙坝个数也会存在差异。此外，沉积物供给量或供给时间也会影响着指状沙坝的个数。在赣江浅水三角洲内，单一支流入湖后形成的指状沙坝个数均较少，多为1～3个（图4-1），这主要是由于不同指状沙坝沉积物均以粉细砂为主，粒度较细且相近（图5-8）；其供源河流多为赣江主干分流河道的支流，流量较小，在200m³/s以下，其中，官港河流量较高，入湖后在茶叶港附近形成了4个指状沙坝，呈鸟足状。赣江中支排量最高，约为1000m³/s，沉积物供给量较大，入湖后形成的日帽洲沉积是由较多数量的指状沙坝组合而成的（图4-1）。

利用Delft3D软件，进行了4组21个浅水三角洲指状沙坝的沉积数值模拟，以定量地分析指状沙坝个数的控制因素及其控制作用（Xu et al.，2021a）。每组模拟分别改变沉积物黏度（1.0～3.5 N/m²，S0～S5），砂泥比（0～1，S0与S6～S10），水排量（200～1600 m³/s，S0与S11～S15）与沉积物浓度（0.05～0.30 kg/m³，S0与S16～S20）（表5-1）。每个模拟保证沉积物供给量达到4.84×10⁷ t或者直到分流河道延伸到模拟工区以外。每个模拟的最终平面分布如图5-9所示。

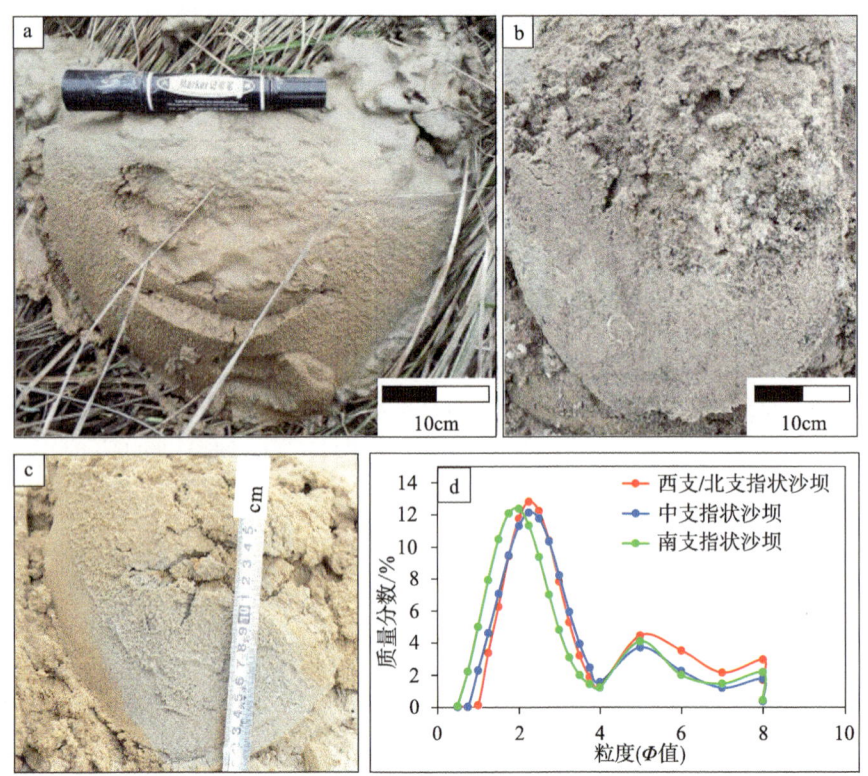

图5-8　赣江西支/北支（a）、中支（b）、南支（c）指状沙坝砂体照片及粒度分布（d）

从图 5-9 可以看出，该 21 个模拟三角洲均形成了指状沙坝沉积，以鸟足状平面组合样式为主，指状沙坝的个数有所差异。本书统计了 21 个模拟中指状沙坝的个数（包括活动与废弃指状沙坝的个数）。值得注意的是，考虑到分流河道分叉后可能快速废弃，形成非常短小的指状沙坝，这种指状沙坝的研究意义不大，且不易识别，在统计个数时不予考虑。将长度大于 1km 作为统计指状沙坝个数的标准。

表5-1　不同供源条件的模拟设计

序号	沉积物黏度 / (N/m²)	砂泥比	水排量 / (m³/s)	沉积物浓度 / (kg/m³)	模拟时间 /h	沉积物供给量 / 10⁷t
S0	2.0	2：8	1200	0.10	640	4.84
S1	1.0	2：8	1200	0.10	640	4.84
S2	1.5	2：8	1200	0.10	640	4.84
S3	2.5	2：8	1200	0.10	640	4.84
S4	3.0	2：8	1200	0.10	640	4.84
S5	3.5	2：8	1200	0.10	640	4.84
S6	2.0	0	1200	0.10	640	4.84
S7	2.0	1：9	1200	0.10	640	4.84
S8	2.0	3：7	1200	0.10	640	4.84
S9	2.0	4：6	1200	0.10	640	4.84
S10	2.0	1：1	1200	0.10	640	4.84
S11	2.0	2：8	200	0.10	2560	3.23
S12	2.0	2：8	600	0.10	1280	4.84
S13	2.0	2：8	800	0.10	960	4.84
S14	2.0	2：8	1000	0.10	768	4.84
S15	2.0	2：8	1600	0.10	480	4.84
S16	2.0	2：8	1200	0.05	1280	4.84
S17	2.0	2：8	1200	0.15	426	4.84
S18	2.0	2：8	1200	0.20	320	4.84
S19	2.0	2：8	1200	0.25	256	4.84
S20	2.0	2：8	1200	0.30	213	4.84

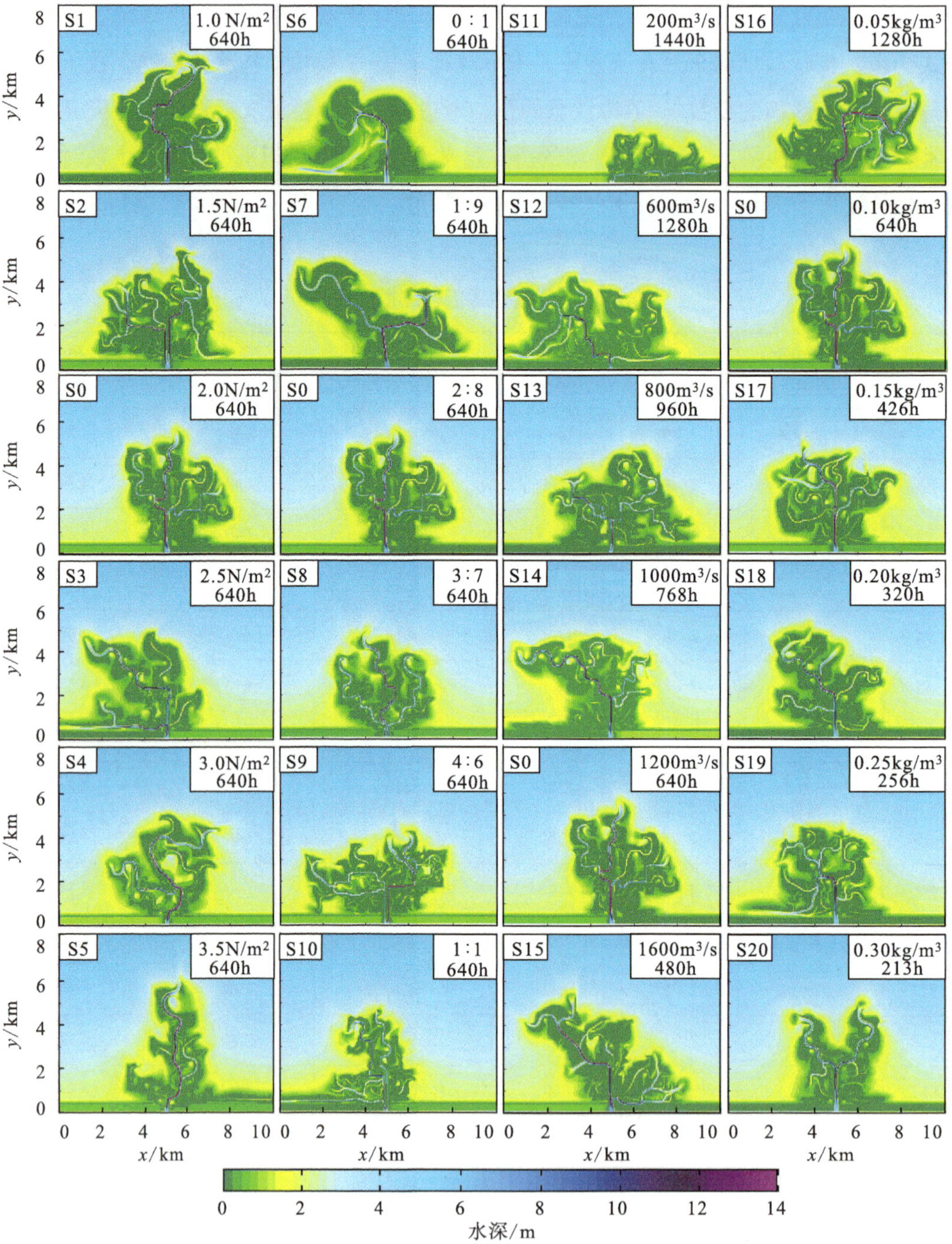

图5-9　不同供源条件的指状三角洲模拟结果平面图

随着沉积物供给总量的增加，指状沙坝的个数也逐渐增多（图 5-10），两者之间表现出线性正相关关系（$R^2 > 0.89$）（图 5-11）。在较高的沉积物供给量下，指状沙坝很难维持单一蛇状，多会发生决口，形成新的指状沙坝，从而向鸟足状过渡。这也就解释了为什么图 5-9 中未见单一蛇状组合样式。

在相同沉积物供给量的情况下，低沉积黏度、高砂泥比有利于形成更多的指状沙坝，而水排量与沉积物浓度对指状沙坝个数的影响不明显。以供给量均为 3.84×10^7t 为例，指状沙坝的个数与砂泥比呈正比（$R^2=0.98$），而与沉积物黏度呈反比（$R^2=0.69$）（图5-12）。

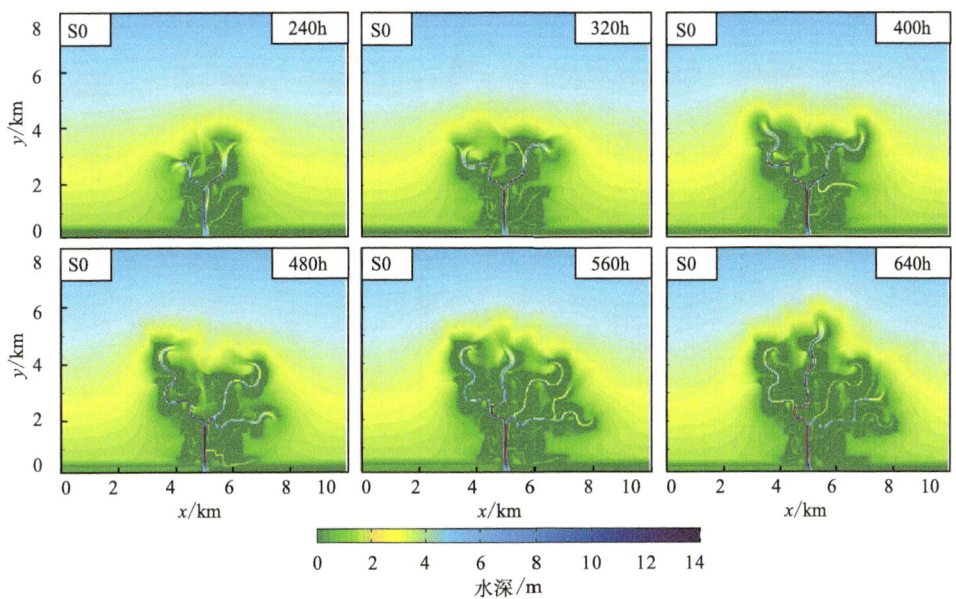

图5-10　不同模拟时间的S0模拟结果平面图

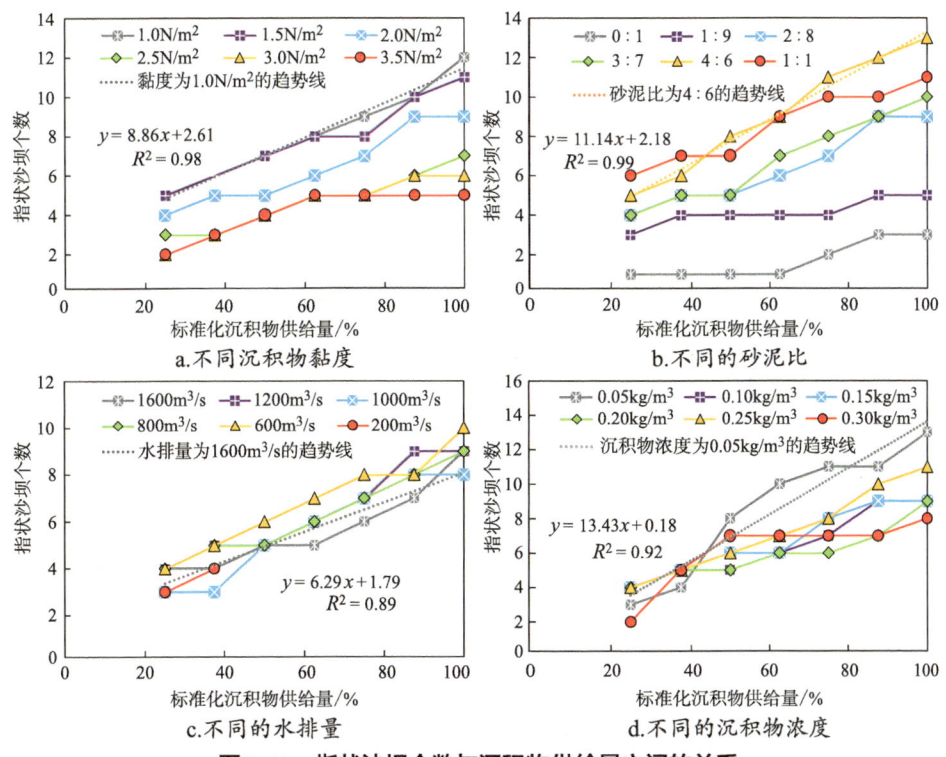

a.不同沉积物黏度　　　　　　　　b.不同的砂泥比

c.不同的水排量　　　　　　　　　d.不同的沉积物浓度

图5-11　指状沙坝个数与沉积物供给量之间的关系

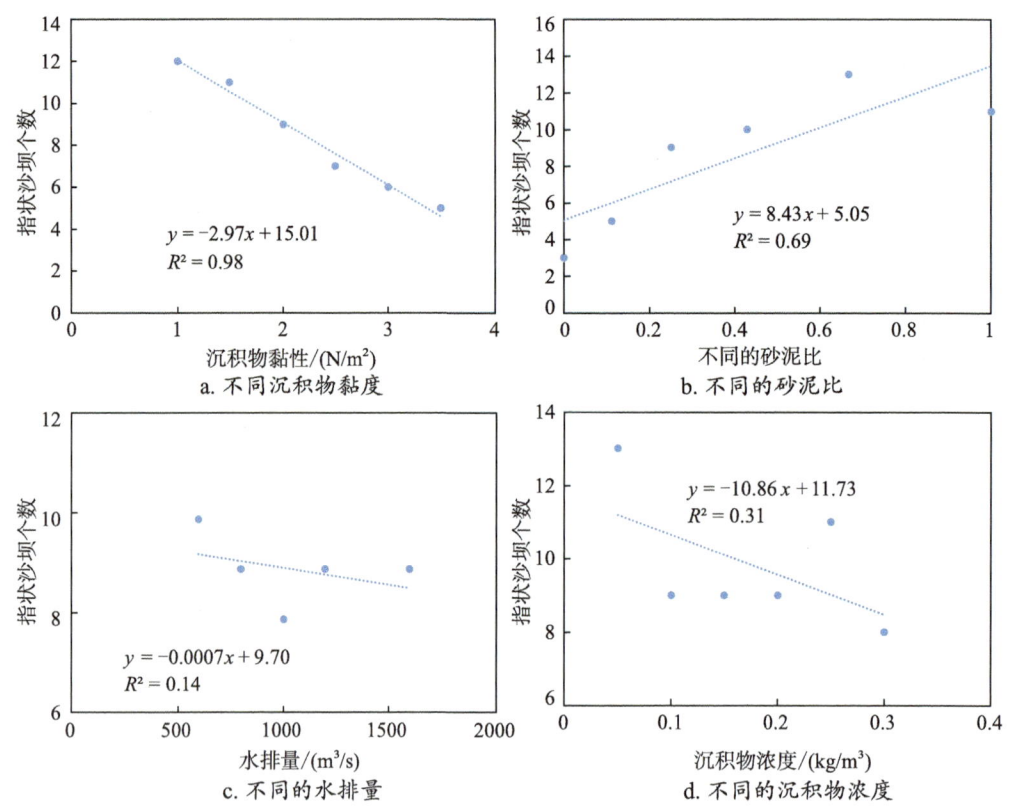

a. 不同沉积物黏度

b. 不同的砂泥比

c. 不同的水排量

d. 不同的沉积物浓度

图5-12　在供给量均为 $3.84 \times 10^7 t$ 情况下，指状沙坝个数与不同供源条件之间的关系

利用线性回归方法，可以得到指状沙坝个数（N_b）的经验公式：

$$N_b = (-3.15\tau + 8.03R_S + 11.10)\, S_n + 1.84 \tag{5-1}$$

式中，τ 为沉积物黏度，N/m^2；R_S 为砂泥比；S_n 为标准化沉积物供给量，是沉积物供给量与固定值 $3.84 \times 10^7 t$ 之比。R^2 等于 0.75。利用该公式拟合的指状沙坝个数应四舍五入为整数。

综上所述，在相同沉积物供给情况下，指状沙坝的个数与供源河流的黏度及砂泥比有关系。从水动力的角度分析，影响湖盆三角洲沉积的动力主要包括惯性力、黏聚力与摩擦力（Wright，1977）。在水深相似的情况下，底床摩擦力是相似的。黏聚力的表现形式为天然堤对分流河道的黏聚，主要受控于沉积物的黏度与粒度（Edmonds et al.，2010）。沉积物的黏度越高，天然堤的抗侵蚀性越强，则天然堤越稳定；沉积物的砂泥比越低，悬移质搬运物质越多，越有利于天然堤的加积。因此，沉积物的黏度越大、砂泥比越低，分流河道越不容易发生分流与决口，那么指状沙坝的个数也就越少。水排量与沉积物浓度越大，惯性力越大，在分流河道弯曲段的离心力也越强，分流河道越容易发生决口，形成更多的指状沙坝。但是，如果考虑沉积供给相同的情况，水流排量与沉积物浓度越高，生长时间越短，这样一来，它们对指状沙坝个数的影响就不大了。

随着指状沙坝不断生长，即使沉积物的黏度很高、砂泥比较低，也不能无限制地向湖盆延伸，而是在延伸一定的长度后发生决口，形成新的分流河道与指状沙坝。这种类型与尺度的决口常见于三角洲沉积中，是一种自生的沉积过程，与回水作用（backwater effect）有关（Hoyal et al.，2009）。分流河道需要在充填前端可容空间后才能延伸，随着指状沙坝向湖盆延伸，分流河道前端的可容空间逐渐增加，此时分流河道停滞延伸的时间变长，水流发生停滞并向近源方向传播，导致河床水流变高、河床抬高，当这种水流高于天然堤的时候，就会形成溢岸流，导致分流河道决口。

（二）湖盆水深对指状沙坝个数的控制作用

盆地水深也是控制指状沙坝个数的重要因素，前人研究认为，盆地水深越大，分流河道越稳定（Storms et al.，2007），那么，指状沙坝个数则应越少。在鄱阳湖西岸，南部地势较低，盆地水深较大，北部地势较高，盆地水深较浅（图2-6）。赣江南支的分支——南河入湖后在五星农场附近形成的指状沙坝（BSD10）为单一蛇状，太子河、黄皮河、双岭河、严家河入湖后，在发生交织之前，均形成了单一蛇状的指状沙坝；赣江北支的分支入湖后不仅发育单一蛇状的指状沙坝，也发育鸟足状指状沙坝，指状沙坝的个数为1～4个（图4-1）。这种区域上的指状沙坝个数差异应与盆地水深的差异有关。

在浅水条件下，河口处的盆地水深决定了整体的湖盆水深。本书利用沉积数值模拟方法，定量地分析了河口处的盆地水深对指状沙坝个数的控制作用。模拟设计如表5-2所示，共包含6个模拟，河口处盆地水深4～9m，河口处的河—盆水深比3.5～1.6，均大于1，模拟时间均为60h。模拟结果如图5-13所示。

表5-2　河口处不同盆地水深的模拟设计

模拟名称	水流量 / (m³/s)	河口处盆地水深 / m	河—盆水深比	模拟时间 / h	沉积物供给量 / 10^7t
S21	1200	4	3.5	60	3.84
S22	1200	5	2.8	60	3.84
S23	1200	6	2.3	60	3.84
S24	1200	7	2.0	60	3.84
S25	1200	8	1.8	60	3.84
S26	1200	9	1.6	60	3.84

从模拟结果中可以看出，在相同的模拟时间以及相同的沉积物供给量情况下，随着河口处盆地水深的增加，指状沙坝的个数明显减少（图5-13）。指状沙坝的个数与河口处盆地水深呈线性负相关关系（R^2=0.97）（图5-14）。

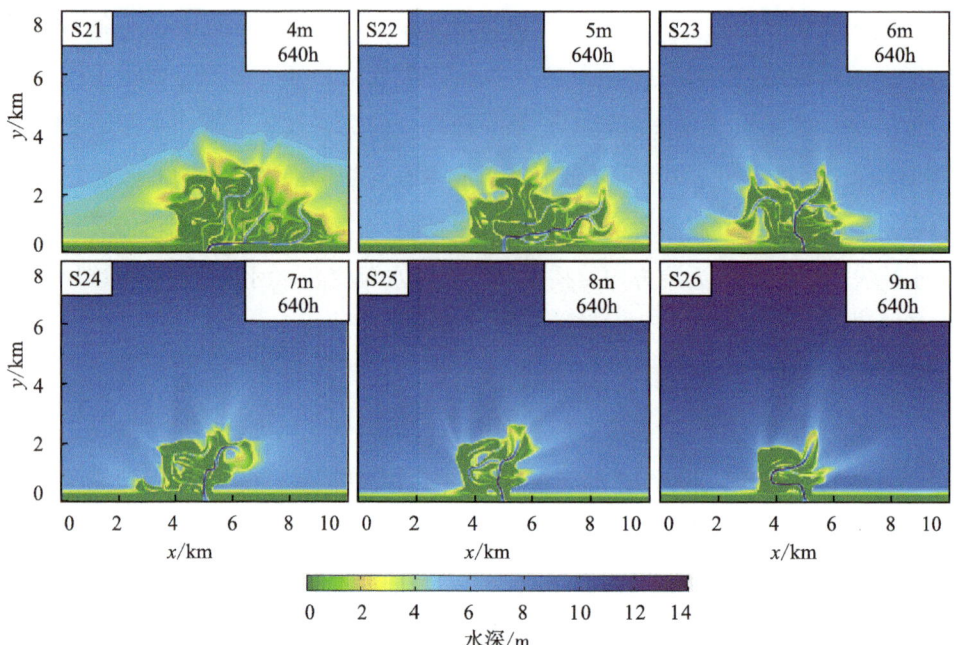

图5-13　不同盆地水深的浅水三角洲指状沙坝模拟结果平面图

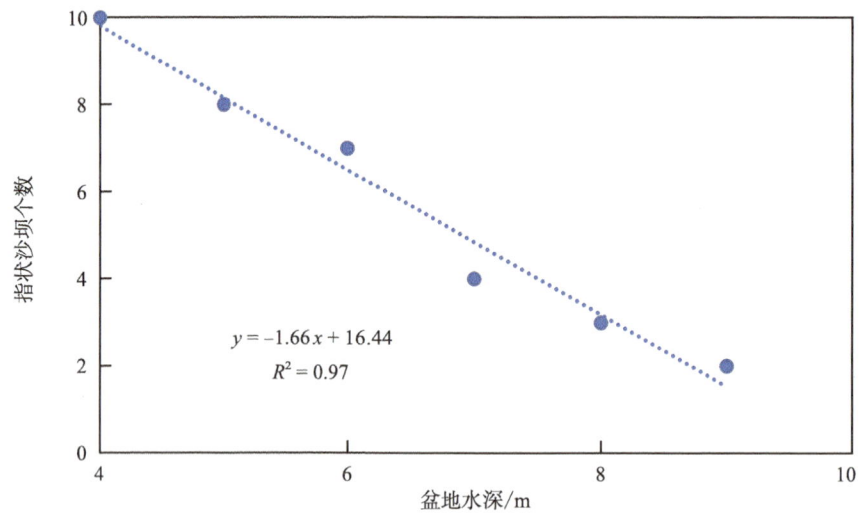

图5-14　在640模拟小时情况下，指状沙坝个数与河口处盆地水深之间的关系

河口处盆地水深的增加也就反映了盆地水深的增加，指状沙坝个数则会减少。Storms（2007）基于沉积数值模拟对三角洲沉积进行了模拟，认为水体较深的盆地内分流河道更为稳定，不易发生分流。王俊辉等（2024）也认为水体较深的盆地内分流河道更加稳定。从水动力学的角度来考虑，高盆地水深下，底床对水流的摩擦力减弱，水流不易扩散，分流河道更为稳定。

综上，在满足指状沙坝的形成条件的情况下，单一蛇状指状沙坝的形成条件为细粒度、高黏性、低水排量、较短生长时间；鸟足状指状沙坝的形成条件为较细粒度、较高黏性、低水排量、较长生长时间。

二、指状沙坝连片程度的控制因素及机理

赣江三角洲中支入湖发育较连片的树枝状指状沙坝，而南支与北支入湖发育较孤立的鸟足状或单一指状的指状沙坝。本部分将分析影响指状沙坝连片程度的主控因素及其控制机理。

（一）指状沙坝连片程度的主控因素

在赣江浅水三角洲下平原—前缘沉积中，仅赣江中支供给的日帽洲指状沙坝呈树枝状，砂体连片程度较高，其他分支供给形成的主要为单一蛇状或鸟足状的指状沙坝沉积（除了南支的交织状指状沙坝沉积），连片程度较低。日帽洲树枝状指状沙坝的供源河流的沉积物粒度、黏度与其他指状沙坝的供源条件是相似的（图5-8d），均以细粉砂、高黏性沉积物为主；盆地水深也相近，比北侧的水体深度略大，而比南侧的水体深度略小（图2-6）。它与其他指状沙坝供源条件最大的差异为水排量，其中，日帽洲三角洲供源河流的水排量明显更高，平均约为1000m³/s，而其他的单一蛇状或鸟足状的指状沙坝沉积（如图4-1中的BSD1～BSD7、BSD10）的水排量均小于200m³/s。由此可以推测，高水排量可能是影响指状沙坝树枝状形态的关键因素。

本书采用沉积数值模拟方法，设置相同的砂泥比（2.3）、黏度（1.5N/m²）、沉积物浓度（0.10 kg/m³）条件，仅改变水排量（200～3200 m³/s），进行了9个沉积数值模拟（Sm1～Sm9），定量地分析水排量对浅水三角洲指状沙坝连片程度的影响。每个模拟运行了360～2000h，直到分流河道延伸至工区以外，最终的模拟结果平面图如图5-15所示。

模拟结果中，指状沙坝表现为朵状或者指状，未见明显的交织状。为了定量地区分朵状（树枝状）与指状形态（包括单一蛇状与鸟足状），可以采用分流河道之间的分流间湾发育程度这一定量参数，如果分流间湾发育程度大于50%，则将三角洲定义为指状，否则定义为树枝状。

基于模拟结果分析可得，水排量越高，浅水三角洲分流河道之间分流间湾的发育程度越低，砂体连片程度越高，浅水三角洲在低水排量情况下为指状形态，而在高水排量（≥1600m³/s）情况下呈树枝状（图5-15）。因此，水排量是控制连片程度的关键因素，也是树枝状指状沙坝形成的主控因素，即高水排量有利于形成树枝状指状沙坝（Xu et al., 2021b）。

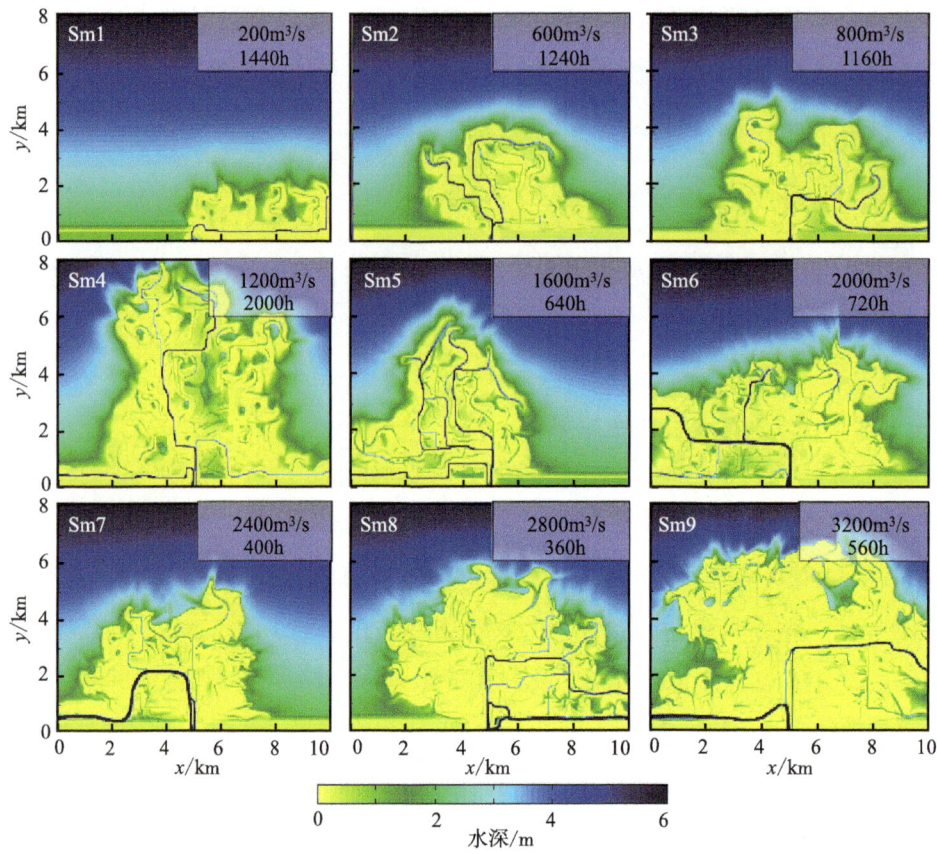

图5-15 不同水排量条件的浅水三角洲模拟结果平面图

通过统计世界范围内的18个现代河控三角洲发现（表5-3），平均水排量大于1000m³/s的河控三角洲主要呈朵状，分流河道个数多；而平均水排量小于1000m³/s的河控三角洲主要呈指状，分流河道个数少。平均水排量与分流河道个数之间存在较好的幂函数关系（图5-16a），而泥质含量与分流河道个数之间的关系不明显（图5-16b）。这些河控三角洲主要是在浅水环境下形成的。这也就说明了水排量对三角洲形态的控制不仅适用于指状沙坝型浅水三角洲，也适用于其他浅水三角洲，即高水排量促进形成朵状形态的浅水三角洲，1000m³/s的水排量可以作为参考的截断值。

表5-3 典型现代河控三角洲的沉积条件（据Edmonds et al.，2010；Syvitski et al.，2007；
Morton et al.，1978；Wang et al.，2000；远立国等，2011；Propastin，2012；
Milliman et al.，2013；Chalov et al.，2017；陈斌等，2018）

现代河控三角洲	平均水排量 /(m³/s)	泥质含量	分流河道数量	形态
色楞格河三角洲	1500	3.3	30	朵状
勒拿河三角洲	16240	22.5	115	朵状

续表

现代河控三角洲	平均水排量 /(m³/s)	泥质含量	分流河道数量	形态
伏尔加河三角洲	8200	15.8	100	朵状
黄河三角洲	1480	2.8	16	朵状
密西西比三角洲	15452	11.5	71	朵状
滦河三角洲	148	>0.5	10	朵状
因迪吉尔卡河三角洲	1734	5.4	28	朵状
马更些河三角洲	9750	26.3	23	朵状
尼罗河三角洲	3484	50.0	15	朵状
育空河三角洲	6620	9.5	43	朵状
赣江中支三角洲	920	3.5	37	朵状
赣江南支三角洲	700	3.5	21	指状
赣江西支/北支三角洲	250	4.0	6	指状
章田河三角洲	50	4.9	2	指状
Karatal 河三角洲	91	—	2	指状
伊犁河三角洲	476	—	9	指状
藕池河三角洲	300	—	1	指状
瓜达卢普三角洲	93	5.0	8	指状

注：黄河三角洲与密西西比河三角洲的分流河道个数包括了近代与现代沉积。

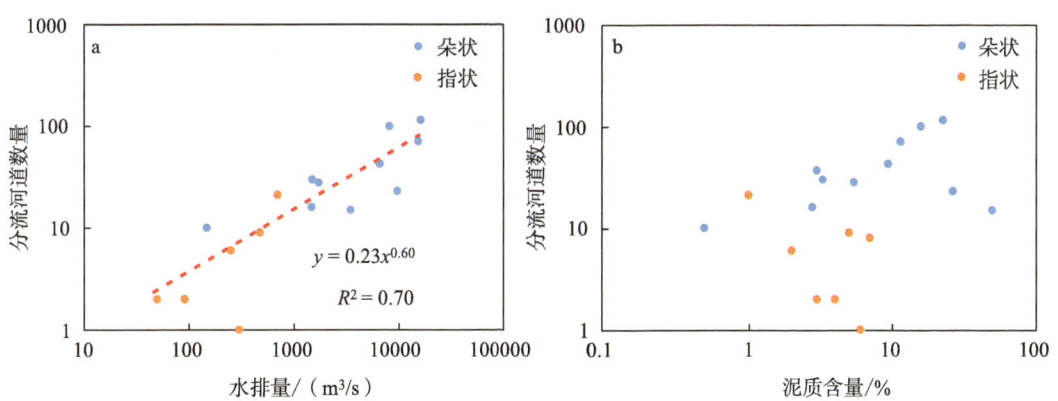

图5-16　现代河控三角洲分流河道个数与水排量（a）和泥质含量（b）的统计关系

（二）水排量对指状沙坝连片程度的控制机理

前人研究认为高的水排量增加进积距离，同时导致指状三角洲的形成，并将密西西比河三角洲作为典型（Galloway，1975；Olariu et al.，2012；Piliouras et al.，2017）。本次研究发现高水排量不但会增加进积距离（图5-15），而且会增加砂体连片程度。现代密西西河三角洲受到上游建造大坝的干扰，水排量大大降低，因而形成指状，而近代密西西比三角洲表现为朵状（图1-1）。

前文分析过，在相同沉积物供给量下，水排量对指状沙坝个数影响不大，坝上分流河道的数量差异也不大，但高水排量会增加很多小型的分支分流河道。图5-17展示了不同水排量的模拟结果中分流河道的分布。考虑延伸长度、宽度及平均流速的差异，以其平均值为界限，将分流河道分为两种类型，包括主干分流河道与分支分流河道。主干分流河道的分布如图5-17中白色虚线所示，白色虚线指示着主干河道，红色部分为分流河道。

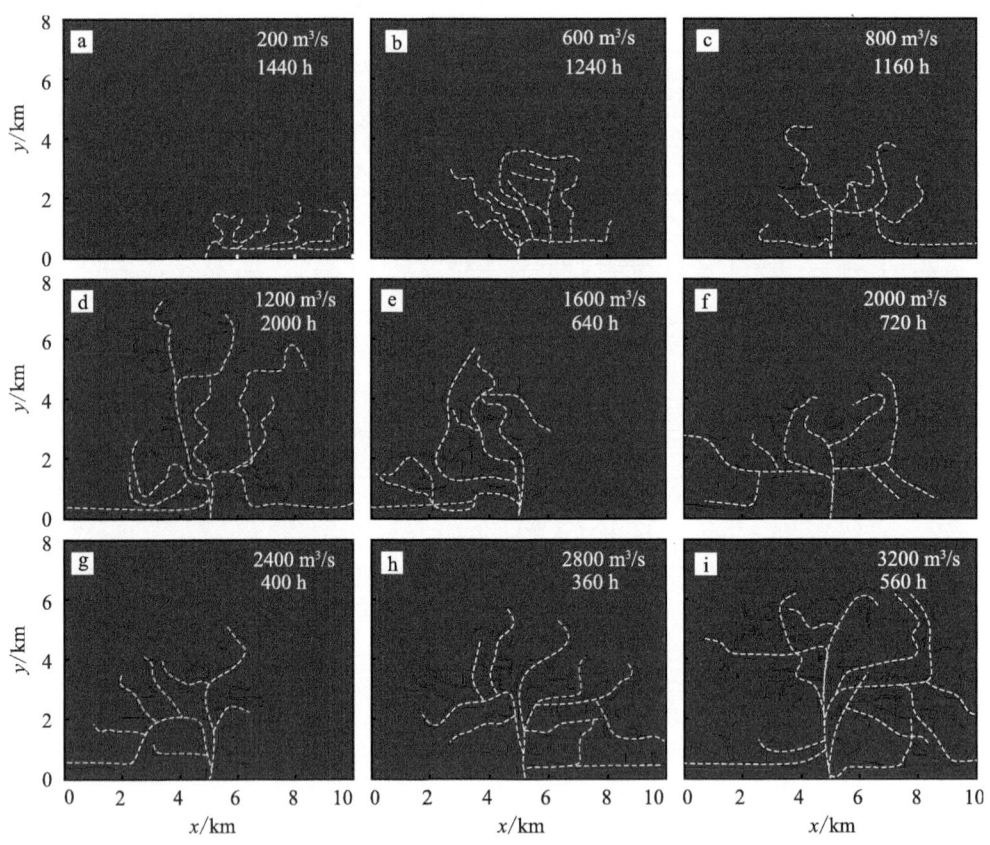

图5-17　不同水排量条件的中等粒度浅水三角洲分流河道平面分布图

从图5-17中可以看出，水排量的差异对主干分流河道数量影响不大，仅影响其延伸长度，但对分支分流河道的数量影响较大。在低水排量情况下，浅水三角洲主要发育若干个主干分流河道，少见分支分流河道；在高排量情况下，浅水三角洲仍然发育着若干个主干分流河道，但同时发育着大量的小型分支分流河道，这些分支分流河道分布于主干分流河道之间，形成了复杂而交错的河道网络，如模拟Sm8与Sm9（图5-17h、i）。因此，高的水排量主要是通过形成很多小型的分支分流河道，它们将主干分流河道串联起来，从而形成复杂的河流网络与连片程度较高的砂体，指状沙坝则呈树枝状。

图 5-18 展示了 Sm1 与 Sm9 的三角洲生长过程。低排量情况下，分流河道延伸较慢，主要通过决口方式形成新的分流河道，决口后会形成主干分流河道；高排量情况下，分流河道延伸较快，会通过决口方式形成新的主干分流河道，也会发生更多分流，但细粒度、高黏性沉积物使得分流后的次级分流河道多为不稳定的，形成很多小型分支分流河道，他们会将主干分流河道串联起来。

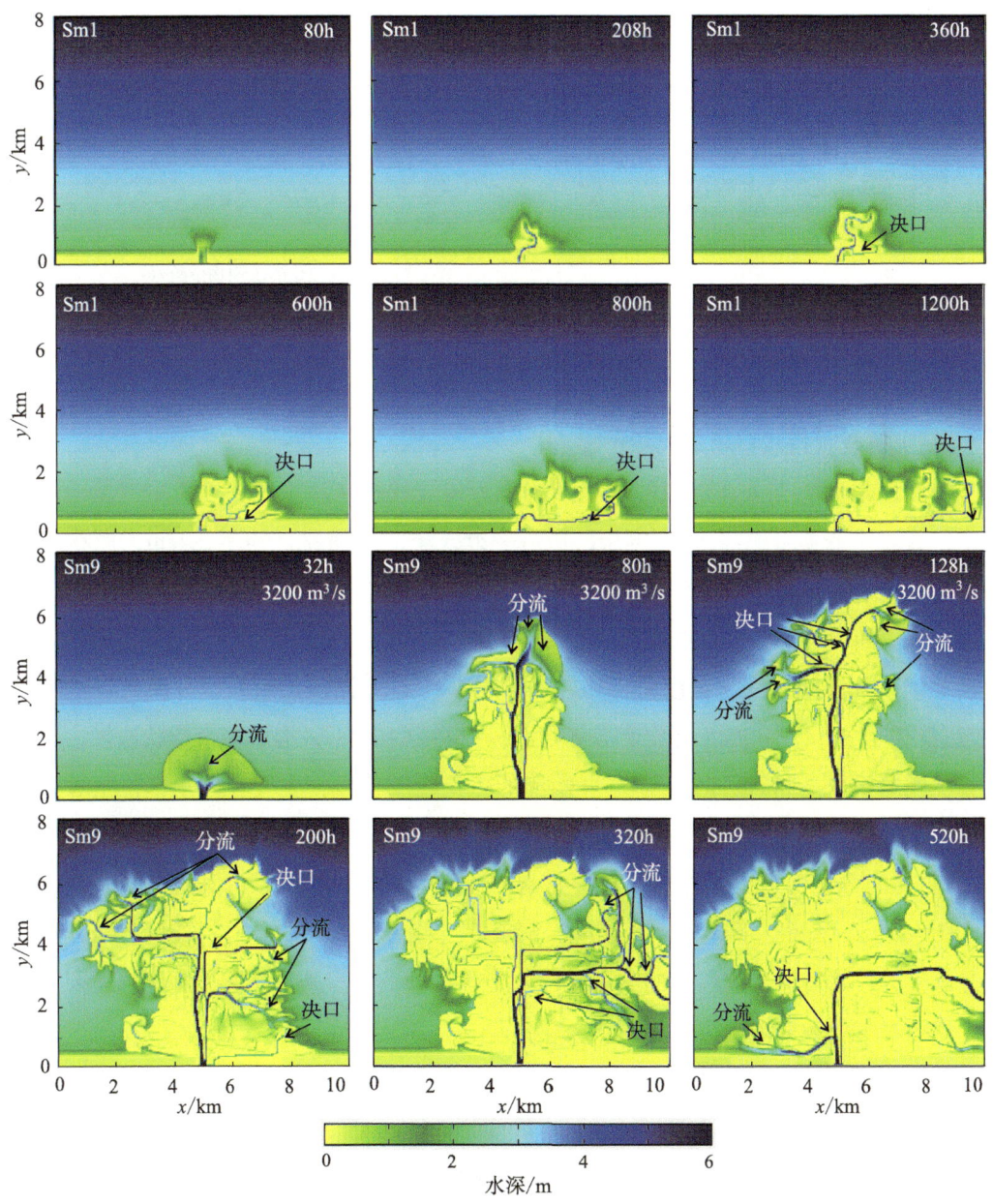

图5-18　模拟Sm1与Sm9的三角洲生长过程

值得注意的是，无论是相同模拟时间还是相同沉积物供给量，高水排量形成的树枝状指状沙坝虽然连片程度较高，但前缘岸线糙度也较高（图5-19），这与低黏性、粗粒度条件下形成的具光滑岸线的朵状砂体不同。高排量下，主干分流河道延伸较长，而分支分流河道延伸较短，这种延伸长度的差异导致了较高的岸线糙度。

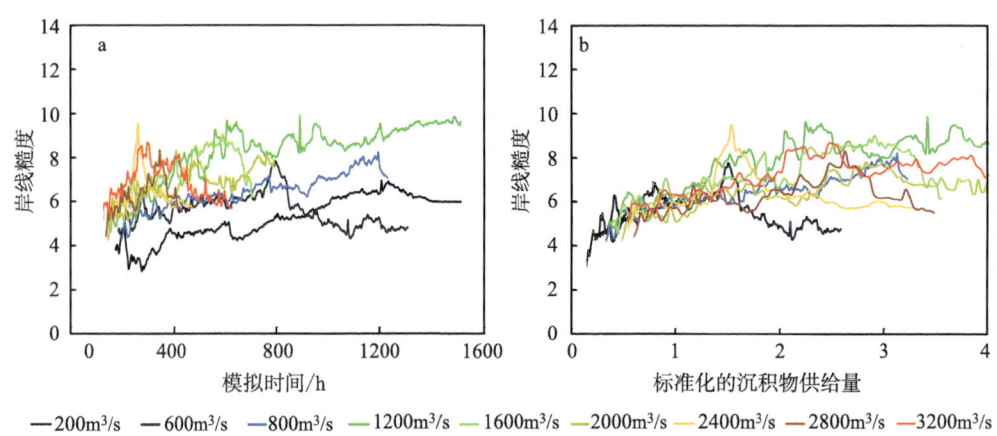

图5-19　随着模拟时间（a）与沉积物供给增长（b）的模拟Sm1～Sm9的岸线糙度变化

（三）树枝状指状沙坝的沉积过程

赣江三角洲中支入湖形成的日帽洲沉积为树枝状指状沙坝。基于历史卫星地图可以看出，日帽洲近数十年来快速生长，1974—2023 年，向湖盆延伸了 3.4km，面积增加了 23km^2，面积增加速率平均为 0.5km^2/a（图 5-20）。1974 年，日帽洲的面积较小（5km^2），长度约为 2.6km，发育 7 条主要的分流河道，应以分流作用成因为主，分流河道之间由河口坝相接，分流间湾发育程度低；1974—1990 年，日帽洲快速生长，分流河道快速向湖盆辐射延伸 2.0km，分流河道数量略有增加（主要为 10 条），形成多个指状沙坝，其间发育分流间湾沉积；1990—2023 年，日帽洲的生长速度减慢，主要在北东部位生长，向湖盆仅约延伸 1.4km，末端可见大量的小型分流河道，但随后大多废弃（故常见废弃河道沉积），主要的分流河道留存并继续向湖盆延伸，形成多条指状沙坝，其间同样发育分流间湾（图 5-20）。因此，日帽洲形成早期，赣江中支刚开始入湖时，分流作用较强，形成多支分流河道；之后，分流河道的顺源延伸与指状沙坝的生长是日帽洲三角洲的主要沉积过程，伴随着少量的分流与决口作用。

基于日帽洲的沉积条件，利用 Delft3D 软件模拟出了树枝状沙坝的沉积过程，模拟参数如下：沉积物黏度约为 2N/m^2，沉积物浓度为 0.1kg/m^3，砂泥比为 0.25，水位高度保持为 0m，初始水深范围为 2～6m，底形糙度（Chézy 值）为 45m^2/s。从模拟结果来看，其形态与日帽洲较为相似，均表现出树枝状的形态，分流间湾发育程度较高（图 5-21）。从

形成过程上来看，在沉积早期（模拟时间 0～120 h），河流入湖发生分流作用，形成 4 条分流河道（图 5-21a），分流河道之间发育河口坝沉积（图 5-21e）；随后，主要的分流河道不断向湖盆延伸，伴随着少量的次级分流与废弃，最终形成 4 条延伸较远的分流河道与多条废弃的分流河道（图 5-21b～d），在分流河道延伸过程中，其两侧发育窄带状的河口坝沉积（图 5-21f～h），与分流河道组成了指状沙坝沉积，其间发育着分流间湾。从图 5-21 中 B-B′ 横剖面图中可以看出，主要分流河道两侧沉积厚度较大，主要发育河口坝沉积，而在河口坝之间均发育着分流间湾。

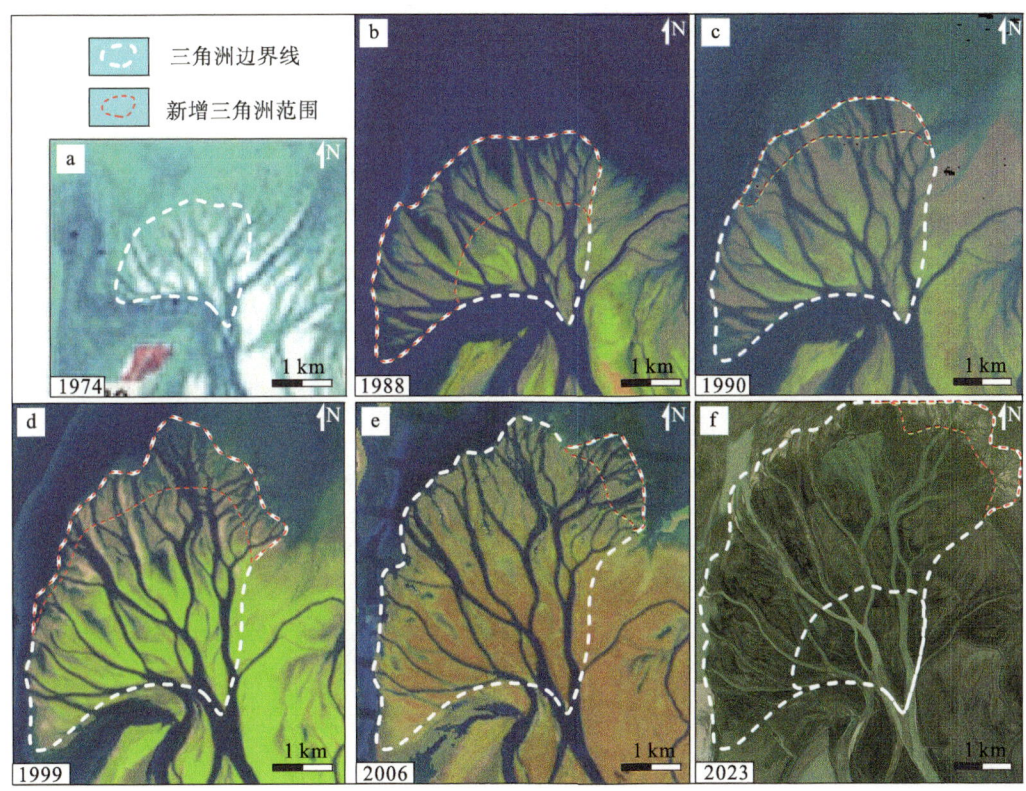

图5-20　日帽洲沉积历史卫星地图

三、指状沙坝交织程度的控制因素及控制作用

在赣江浅水三角洲中，交织状指状沙坝仅发育一处，位于北边村附近，并由双岭河、严家河、太子河、黄皮河等多供源供给形成（图 5-5）。该指状沙坝与朱港附近形成的指状沙坝（BSD9）、南河形成的指状沙坝（BSD10）相比（图 4-1），沉积物粒度（粉细砂为主）、黏度（约 2.0N/m²）、单一供源的水排量（<200m³/s）、沉积物浓度（约 0.10kg/m³）、河口处盆地水深（约 2m）均相似，主要差异为多物源的供给。该指状沙坝东侧具有 4 个

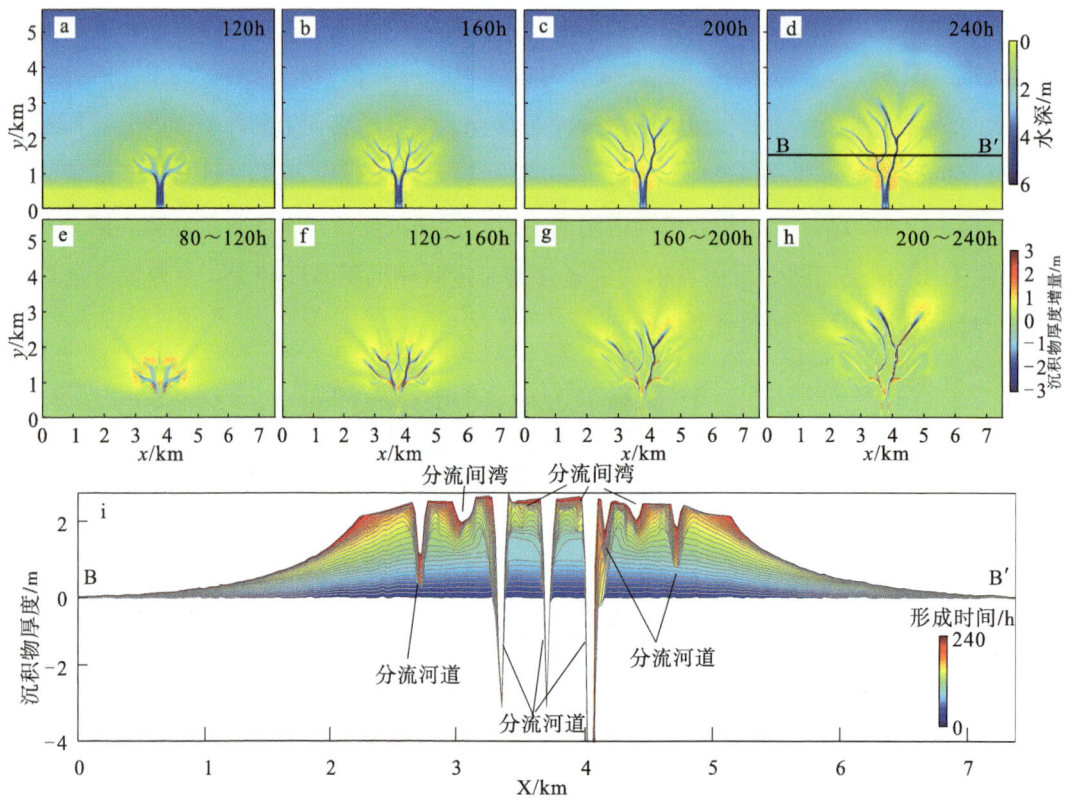

a~d.不同模拟时间的沉积物厚度分布图；e~h.不同模拟时间的沉积物厚度增量图；

i.沉积地貌演化剖面图（剖面位置见图5-21d）。

图5-21 树枝状沙坝沉积数值模拟结果

以上的供源河道，导致多个指状沙坝不断交汇再分叉，从而形成了交织状的指状沙坝。赣江西支、北支的多个分支（如瓜洲河、官港河等）在杨家港、陶家港、茶叶港一带入湖，形成了多个指状沙坝沉积（如图4-1中的BSD2~BSD8），但是指状沙坝之间没有发生交汇，而呈离散分布，其原因在于，在这些指状沙坝沉积期（围湖以前），该区域湖盆开阔（图5-22）。与之相比，北边村附近为一个封闭的限制性湖盆环境，虽然东侧与鄱阳湖连通，但北、南边界分别被日帽洲沉积与抚河沉积物所阻挡（图4-1）。据此可以推测，交织状指状沙坝的形成条件与限制性湖盆范围内的多物源供给相关。

本次利用沉积数值模拟方法，分析多物源供给、盆地局限性对指状沙坝交织程度的影响。图5-9、图5-13、图5-15中展示的沉积模拟结果中均未见交织状的指状沙坝，原因在于：它们仅接受南部一个物源供给，且东西侧、北侧湖盆边界均为开放边界。

为此，基于表5-1中模拟S0的沉积条件，在南部设置三个物源供给河流，水排量均为500m³/s，东西两侧工区边界分别为开放（SJO）与封闭（SJC）两种情况（图5-23）。两个三角洲均模拟800小时的模拟时长，模拟结果如图5-24所示。

图5-22　杨家港、陶家港、茶叶港一带1984年的卫星地图

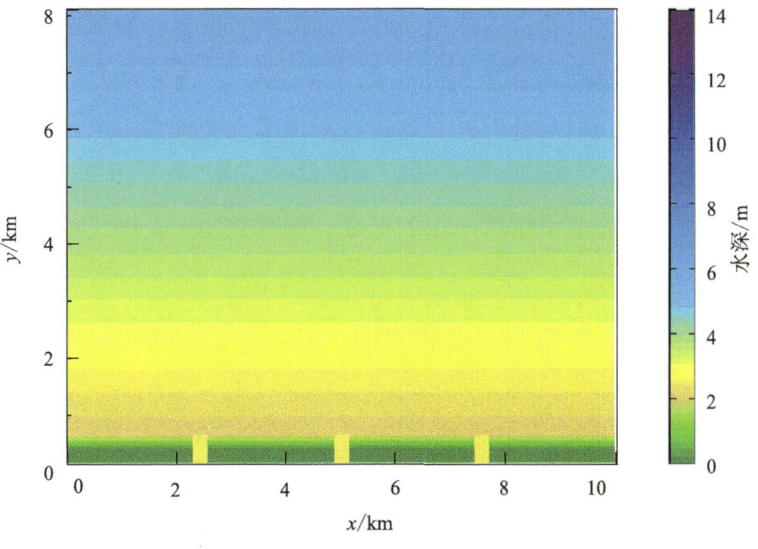

图5-23　交织状指状沙坝模拟的初始工区平面图

从模拟结果可以看出，多供源条件下形成的指状沙坝的交织程度明显强于单供源条件（图 5-9 与图 5-24）。在单供源条件下，分流河道呈扩散状向前延伸，分流河道之间很少交汇（图 5-9）；在多供源条件且东西边界开放条件下，中部供源条件下形成的指状沙坝与两侧供源条件形成的指状沙坝发生交织，东西两侧供源形成的指状沙坝明显向模拟工区外侧延伸，导致指状沙坝的交织程度较低，指状沙坝之间的分流间湾向湖盆开放；而在东西边界封闭条件下，东西两侧供源形成的指状沙坝也发生了交织，并且三个供源形成的指状沙坝之间也发生了交织（图 5-24）。

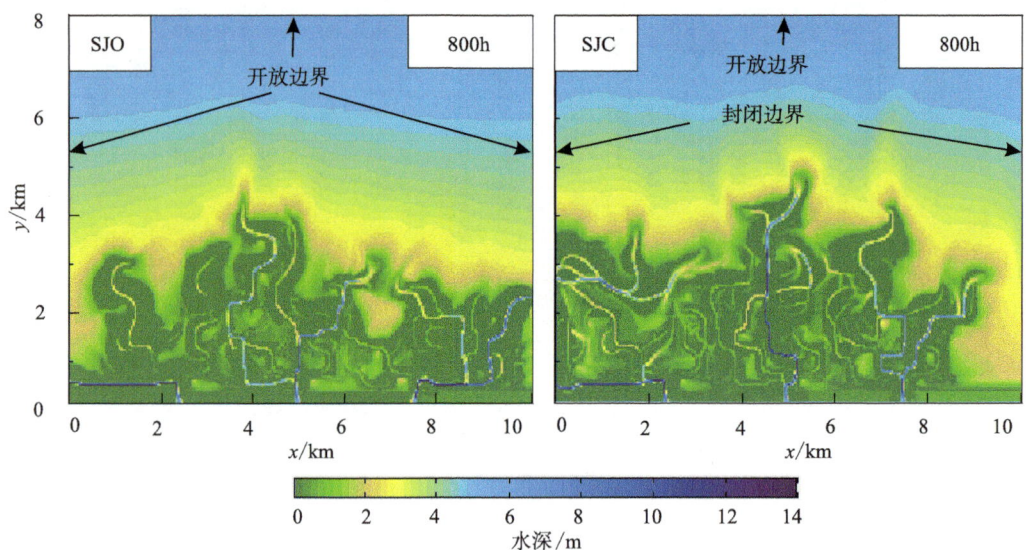

图5-24 东西边界开放（SJO）与封闭（SJC）情况下的交织状指状沙坝的模拟结果平面图

因此，在多供源、封闭湖盆的模拟条件下，指状沙坝更容易形成交织状，其形态与鄱阳湖南支形成的交织状指状沙坝更为相似（图 5-22）。由此认为，交织状指状沙坝的形成条件为多供源条件与局限性的沉积湖盆。多供源条件提供了不同延伸方向的指状沙坝，而局限性湖盆使得指状沙坝只能在有限的可容空间内生长，以至于指状沙坝相遇并交织在一起。此外，为保证多个指状沙坝的形成、相遇并发生交织，需要足够的生长时间（图 5-25）。

因此，在满足指状沙坝的形成条件的情况下，交织状指状沙坝的形成条件为多供源、限制性湖盆、较长生长时间。

四、不同组合样式指状沙坝的形成条件

综合所述，在满足指状沙坝的形成条件的情况下，可以总结不同组合样式指状沙坝的形成条件，具体如下：

（1）单一蛇状指状沙坝的形成条件：细粒度、高黏性、低水排量、较短生长时间。

（2）鸟足状指状沙坝的形成条件：较细粒度、较高黏性、低水排量、较长生长时间。

（3）树枝状指状沙坝的形成条件：高水排量的单一供给，相对开阔的湖盆，较长的生长时间。

（4）交织状指状沙坝的形成条件：多河流供源，较低的水排量，相对限制性湖盆，较长生长时间。

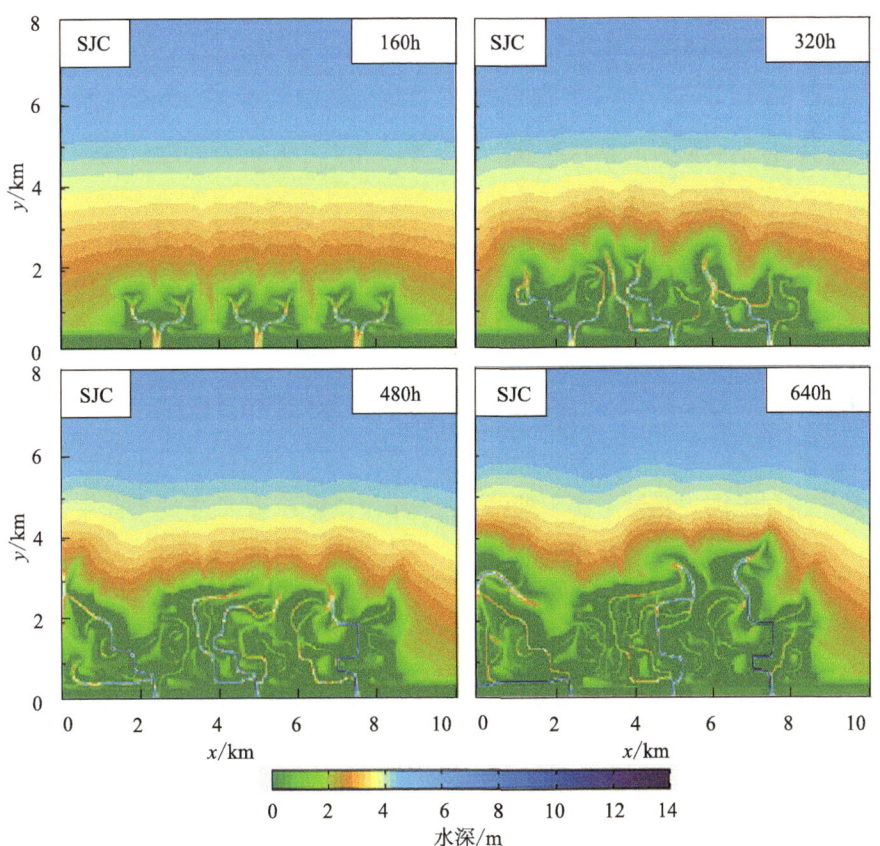

图5-25　东西边界封闭情况下的不同模拟时间交织状指状沙坝的模拟结果平面图

第六章　单一指状沙坝几何特征及控制因素

　　鄱阳湖内发育不同形态的指状沙坝沉积，单一指状沙坝的弯曲度、延伸长度及宽度均有明显差异。本章将定量表征赣江三角洲指状沙坝的几何特征，明确指状沙坝几何特征的控制因素。

第一节　单一指状沙坝的几何特征

　　本节基于卫星地图，测量了鄱阳湖赣江三角洲内单一指状沙坝的弯曲度、延伸长度及宽度，明确了单一指状沙坝的几何特征。

一、弯曲度特征

　　指状沙坝的弯曲度定义为指状沙坝中心线的首尾实际长度与直线距离之比（图 6-1），这一定义参考了 Rust（1978）对河流弯曲度的定义，反映指状沙坝整体的弯曲程度。弯曲度值大于等于 1，该值越大，反映指状沙坝越弯曲。笔者认为，如果弯曲度值＜1.1，则指状沙坝是顺直的；如果弯曲度值≥1.1，则指状沙坝是弯曲的。

　　坝上分流水道与指状沙坝的弯曲度可存在一定的差异，为此，需要测量分流水道的弯曲度，定义为分流水道中心线的首尾实际长度与直线距离之比（图 6-1）。为了表征坝上分流水道与指状沙坝的弯曲度差异，本书定义了弯曲度比（R_{SI}），为坝上分流水道与指状沙坝的弯曲度之比。

　　本次针对赣江浅水三角洲形成的 10 个指状沙坝（BSD1 ～ BSD10，如图 4-1 所示）及章田河三角洲内的两个指状沙坝（图 4-5a），测量了沙坝及坝上分流水道的弯曲度，根据测量结果可以发现，指状沙坝的弯曲度在 1.15 ～ 1.58 之间，平均值为 1.27，坝上分流水道的弯曲度在 1.14 ～ 1.82 之间，平均值为 1.41（表 6-1）。它们表现出与上平原分流水

道相似、甚至更高的弯曲度。Donaldson（1974）曾认为浅水三角洲下平原—前缘指状沙坝内分流水道是相对顺直，而上平原分流水道也是弯曲的。显然这一认识是有误的，浅水三角洲下平原—前缘指状沙坝及坝上分流水道是弯曲状的。与浅水三角洲指状沙坝不同的是，以现代密西西比河三角洲为典型的较深水三角洲（河口处的河—盆水深比小于1）内指状沙坝（BDD）及坝上分流水道是相对顺直的（图6-2a）。

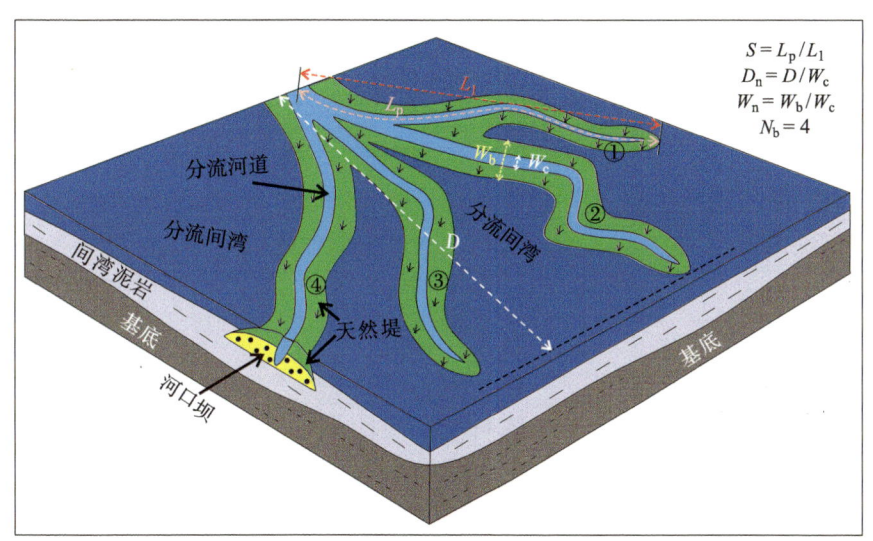

$S = L_p/L_1$
$D_n = D/W_c$
$W_n = W_b/W_c$
$N_b = 4$

S—弯曲度；L_p—指状沙坝的中心线的实际长度，m；L_1—指状沙坝的首尾直线距离，m；D_n—指状沙坝的无量纲的延伸长度；W_n—指状沙坝的无量纲的宽度；N_b—指状沙坝的个数；W_b—指状沙坝的平均宽度，m；W_c—分流水道的平均宽度，m；D—指状沙坝的延伸长度。

图6-1　指状沙坝构型模式（据Fisk等修改，1954）与定量参数测量示意图

为了验证上述结论的普适性，本次测量了世界范围内的其他的24个深水三角洲指状沙坝（图6-2a～d）与21个浅水三角洲指状沙坝（图6-2e～1）及坝上分流水道的弯曲度，测量结果如表6-1所示。基于上述测量结果，绘制了小提琴图（图6-3）。从图中可以看出，在三角洲上平原，浅水与深水三角洲的分流水道弯曲度是相似的，平均值分别为1.22与1.25。但是，在下平原—前缘的指状沙坝内，浅水环境下分流水道的弯曲度大于1.10，平均值为1.30；而深水环境下分流水道的弯曲度小于等于1.10，平均值仅为1.04。相似地，浅水环境下指状沙坝的弯曲度大于1.07，平均值为1.22；而深水环境下指状沙坝的弯曲度小于等于1.09，平均值仅为1.04。

非参数 Mann-Whitney 和 Kolmogorov-Smirnov 检验可以反映两组变量的差异性（Usman，2016），当渐进显著值小于0.05时，则两组变量差异显著。通过计算发现，在下平原—前缘环境下，指状沙坝与分流水道的弯曲度值在浅水与较深水三角洲中差异显著，渐进显著值远小于0.05。

综上，在上平原环境，分流水道在浅水或较深水环境下均表现出弯曲特征；而在下平原—前缘环境，指状沙坝与分流水道在浅水三角洲中明显弯曲，在较深水三角洲中是顺直的。

表6-1 现代指状三角洲分流水道及指状沙坝弯曲度统计结果

现代三角洲	指状沙坝（BSD）	上平原分流水道弯曲度	下平原—前缘分流水道弯曲度	指状沙坝弯曲度	河—盆水深比
赣江三角洲（鄱阳湖）	BSD1	1.16	1.34	1.20	1.3
	BSD2	1.32	1.36	1.18	1.3
	BSD3	1.16	1.40	1.22	1.3
	BSD4	1.16	1.39	1.26	1.3
	BSD5	1.16	1.72	1.40	1.3
	BSD6	1.16	1.20	1.22	1.3
	BSD7	1.31	1.14	1.15	1.3
	BSD8	1.12	1.49	1.32	1.3
	BSD9	1.12	1.41	1.26	1.3
	BSD10	1.07	1.30	1.20	1.3
章田河三角洲（鄱阳湖）	西BSD	1.16	1.32	1.25	1.3
	东BSD	1.16	1.82	1.58	1.3
东瓜达卢普三角洲（圣安东尼奥湾）	北BSD	1.16	1.12	1.13	2.5（林承焰等，1993）
	南BSD	1.16	1.18	1.20	2.5（林承焰等，1993）
Birch河三角洲（Claire湖）	西BSD	1.07	1.27	1.30	1.5（Marfai et al.，2016）
	中BSD	1.07	1.15	1.18	1.5（Marfai et al.，2016）
	东BSD	1.07	1.12	1.14	1.5（Marfai et al.，2016）
西Peace三角洲（Claire湖）	北BSD	1.45	1.51	1.29	1.0（Marfai et al.，2016）
	西BSD	1.61	1.27	1.18	1.0（Marfai et al.，2016）
	中BSD	1.61	1.24	1.16	1.0（Marfai et al.，2016）
	东BSD	1.61	1.48	1.36	1.0（Marfai et al.，2016）
Athabasca三角洲（Mamawi湖）	BSD	1.74	1.22	1.08	1.0（Marfai et al.，2016）
St Clair河三角洲（St Clair湖）	北BSD	1.15	1.14	1.20	3.7（Matsoukis et al.，2023）
	中BSD	1.21	1.13	1.17	3.7（Matsoukis etal.，2023）
	南BSD	1.02	1.20	1.15	3.7（Matsoukis et al.，2023）
	Basset BSD	1.02	1.17	1.07	3.7（Matsoukis et al.，2023）
乌兰河三角洲（爪哇海）	北BSD	1.06	1.13	1.15	1.0（Milliman et al.，2013；Morton et al.，1978）
	南BSD	1.06	1.16	1.14	1.0（Milliman et al.，2013；Morton et al.，1978）

续表

现代三角洲	指状沙坝（BSD）	上平原分流水道弯曲度	下平原—前缘分流水道弯曲度	指状沙坝弯曲度	河—盆水深比
Omo River Delta (Lake Turkana)	西 BSD	1.20	1.39	1.27	1.1（Nardin et al.，2014）
	中 BSD	1.23	1.31	1.18	1.1（Nardin et al.，2014）
	东 BSD	1.20	1.34	1.30	1.1（Nardin et al.，2014）
Mississippi Delta (Gulf of Mexico)	南 BDD	1.40	1.02	1.02	0.2（冯炼，2016）
	中 BDD	1.40	1.02	1.04	0.2（冯炼，2016）
	北 BDD	1.40	1.04	1.04	0.2（冯炼，2016）
Yellow River Delta (Laizhou Bay)	北 BDD	1.19	1.07	1.07	0.3（Nardin et al.，2016）
	南 BDD	1.19	1.02	1.02	0.3（Nardin et al.，2016）
Aksiou delta (Aegean Sea)	西 BDD	1.06	1.05	1.04	0.3（Nienhuis et al.，2020）
	中 BDD	1.06	1.01	1.01	0.3（Nienhuis et al.，2020）
	东 BDD	1.06	1.09	1.06	0.3（Nienhuis et al.，2020）
Aliakmona Delta (Aegean Sea)	西 BDD1	1.63	1.02	1.02	0.2（Nienhuis et al.，2020）
	西 BDD2	1.63	1.06	1.04	0.2（Nienhuis et al.，2020）
	中 BDD	1.17	1.03	1.04	0.2（Nienhuis et al.，2020）
	东 BDD	1.17	1.01	1.01	0.2（Nienhuis et al.，2020）
Sperchios River Delta (Malian Bay)	北 BDD1	—	1.08	1.08	0.1（Olariu，2014）
	北 BDD2	—	1.01	1.01	0.1（Olariu，2014）
	中 BDD	1.20	1.10	1.08	0.1（Olariu，2014）
	南 BDD	1.33	1.04	1.04	0.1（Olariu，2014）
Arachthos River Delta (Amvrakikos Gulf)	北 BDD	1.35	1.02	1.01	0.3（Nienhuis et al.，2020；Olariu，2014）
	南 BDD	1.35	1.00	1.00	0.3（Nienhuis et al.，2020；Olariu，2014）
Dipotamos River Delta (Amvrakikos Gulf)	BDD	1.18	1.02	1.02	0.2（Nienhuis et al.，2020）
Krishna Delta (Bay of Bengal)	西 BDD	1.17	1.03	1.03	0.3（Olariu et al.，2006，2012）
	中 BDD	1.17	1.05	1.05	0.3（Olariu et al.，2006，2012）
	东 BDD	1.17	1.09	1.09	0.3（Olariu et al.，2006，2012）
Ural River Delta (Caspian Sea)	北 BDD	1.11	1.00	1.00	0.5（Orton et al.，1993）
	南 BDD	1.11	1.09	1.06	0.5（Orton et al.，1993）

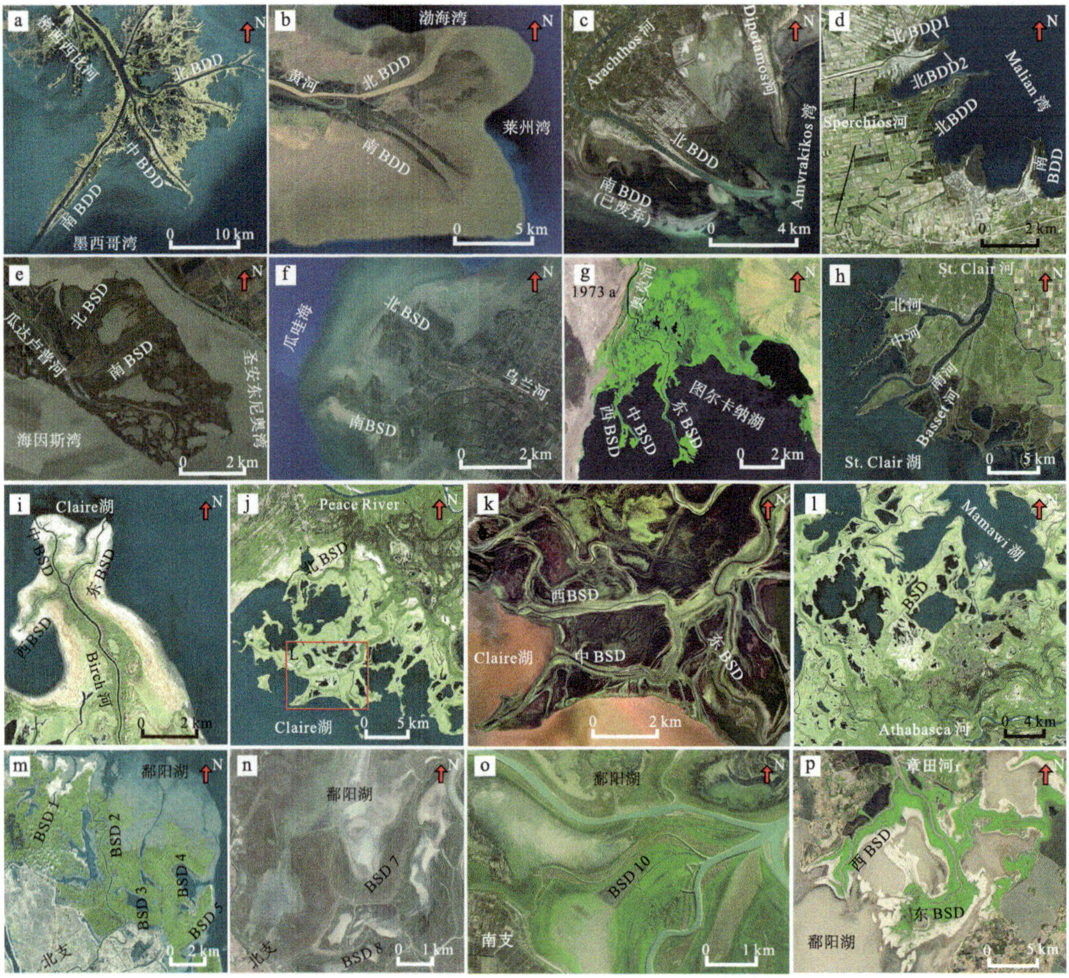

a. 密西西比河三角洲（墨西哥湾）；b. 黄河三角洲（渤海湾）；c. Arachthos 和 Dipotamos 河三角洲（Amvrakikos Gulf，希腊）；d. Sperchios 河三角洲（Malian Bay，希腊）；e. Guadalupe 三角洲（San Antonio Bay，美国）；f. Wulan三角洲（爪哇海，印度尼西亚）；g. Omo 河三角洲（图尔卡纳湖，埃塞俄比亚）；h. St. Clair河三角洲（Lake St Clair，美国和加拿大）；i. Birch河三角洲（Lake Claire，加拿大）；j~l. Peace-Athabasca 三角洲群（Lake Claire，加拿大）；m~p.赣江三角洲。

图6-2 典型现代指状三角洲的卫星照片

二、延伸长度特征

指状沙坝的延伸长度定义为指状沙坝沿着岸线垂直方向延伸的最大距离，该参数可以反映指状沙坝向盆进积能力的大小（图 6-1）。供源河流的规模影响着指状沙坝及坝上分流水道的规模，如现代黄河三角洲指状沙坝的延伸长度约为 20km，坝上分流水道的宽度约为 300m，而鄱阳湖北支的指状沙坝的延伸长度小于 10km，坝上分流水道的宽度小于 100m。

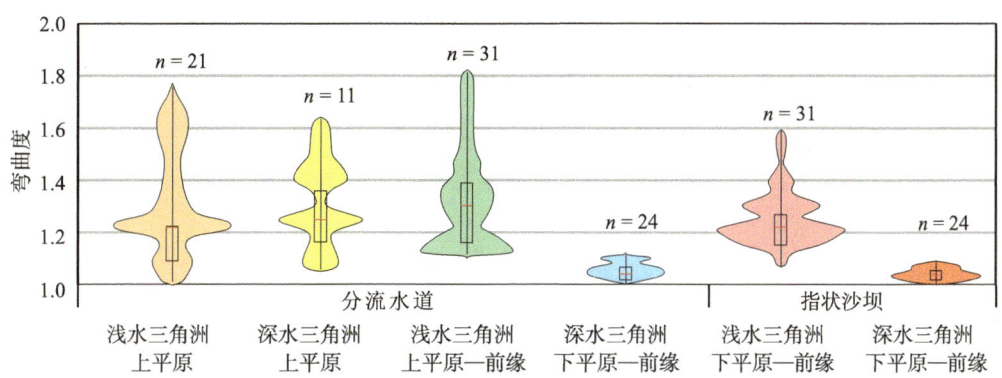

图6-3 指状浅水与深水三角洲分流水道及指状沙坝的弯曲度的小提琴图

利用坝上分流水道宽度对参数进行无量纲化,有利于将鄱阳湖指状三角洲与其他不同规模指状三角洲进行对比。无量纲的指状沙坝延伸长度定义为指状沙坝的延伸长度与坝上分流水道的平均宽度之比(图6-1)。

根据卫星地图,本次测量了赣江浅水三角洲内10个指状沙坝(BSD1~BSD10)及章田河浅水三角洲内2个指状沙坝的延伸长度,从统计结果来看,无量纲的延伸长度介于50~112之间,平均值为73.1,其中BSD1的值最大,而BSD4的值最小(表6-2)。

表6-2 鄱阳湖现代指状三角洲指状沙坝延伸长度及宽度统计结果

现代三角洲	指状沙坝	无量纲的延伸长度	无量纲的宽度
赣江三角洲	BSD1	111.7	5.00
	BSD2	70.9	7.27
	BSD3	60.0	6.75
	BSD4	50.0	6.25
	BSD5	86.0	7.00
	BSD6	60.0	8.00
	BSD7	107.3	6.67
	BSD8	56.3	6.49
	BSD9	60.0	3.64
	BSD10	94.0	8.00
章田河三角洲	西BSD	56.3	6.60
	东BSD	64.3	6.09

三、宽度特征

考虑到指状沙坝顺源宽度变化，指状沙坝宽度定义为指状沙坝的面积与实际长度之比，为一个平均宽度的概念（图 6-1）。该参数也利用坝上分流水道宽度进行了无量纲化。无量纲的指状沙坝宽度定义为指状沙坝宽度与坝上分流水道平均宽度之比。对于发育多个指状沙坝的指状三角洲，可以利用平均的无量纲的指状沙坝宽度来反映指状沙坝的平均宽度。

根据卫星地图，本次测量了赣江浅水三角洲内 10 个指状沙坝（BSD1～BSD10）及章田河浅水三角洲内 2 个指状沙坝的宽度，从统计结果来看，指状沙坝无量纲的宽度介于 3～8 之间，平均值为 6.50，其中 BSD6 与 BSD10 的值最大，而 BSD9 的值最小（表 6-2）。

四、基于弯曲度的单一指状沙坝分类

鄱阳湖赣江三角洲单一指状沙坝表现出弯曲状，其弯曲度具有较大的差异，指状沙坝与内部分流水道的弯曲度也存在着差异。

基于表 6-1 中测量结果，可以绘制指状沙坝与坝上分流水道弯曲度的交会图（图 6-4），从图中可以看出，指状沙坝与坝上分流水道弯曲度具有正相关关系。根据坝上分流水道与指状沙坝的弯曲度之比（R_{SI}）的差异，可以细分为两类正相关关系，包括高弯度比（$R_{SI} > 1$）与低弯度比（$R_{SI} \leqslant 1$），这两类正相关关系的相关系数分别为 0.88 与 0.91（图 6-4）。

综上，基于弯曲度的差异，浅水三角洲指状沙坝划分为两种类型，包括具低弯度分流水道的指状沙坝与具高弯度分流水道的指状沙坝。具高弯度分流水道的指状沙坝的坝上分流水道的弯曲度大于等于 1.20（仅 1 个例外值，为乌兰河三角洲的南指状沙坝），平均弯曲度为 1.37；具低弯度分流水道的指状沙坝的坝上分流水道的弯曲度值介于 1.10～1.20 之间（仅 1 个例外值，为 Birch 河三角洲的西指状沙坝），平均弯曲度为 1.16。根据前人的定义，坝上分流水道的弯曲度大于等于 1.25 时，可称为曲流分流水道。高弯度分流水道型指状沙坝大多发育着曲流分流水道（表 6-1）。

在赣江浅水三角洲内，赣江北支在陶家港附近形成的 BSD6 与 BSD7 为具低弯度分流水道的指状沙坝，而其他指状沙坝（BSD1～BSD5、BSD8～BSD10）均为具高弯度分流水道的指状沙坝（表 6-1）。

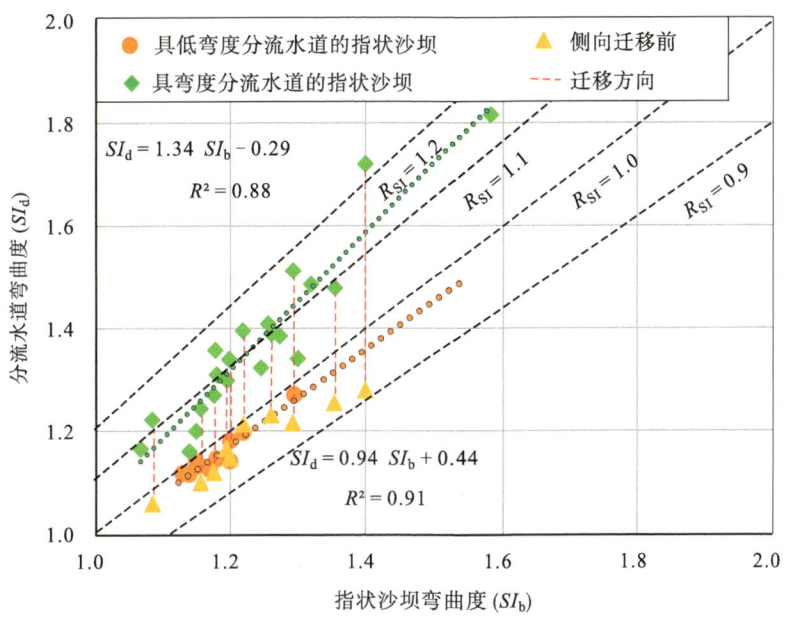

图6-4　浅水指状沙坝与坝上分流水道的弯曲度关系

第二节　指状沙坝弯曲度的控制因素与作用机理

本节通过现代沉积特征与沉积数值模拟相结合的方法，分析浅水三角洲指状沙坝发生弯曲的过程及机理，进而定量地分析指状沙坝弯曲度的控制因素。

一、指状沙坝的弯曲过程及机理

浅水三角洲弯曲状指状沙坝的形成与两个弯曲过程相关，第一个过程为初始弯曲过程，形成初始弯曲的分流水道及弯曲的指状沙坝，该过程形成了具低弯度分流水道的指状沙坝；第二个过程为侧向迁移过程，主要是指初始弯曲的分流水道的侧向迁移并进一步弯曲的过程，该过程导致了具低弯度分流水道的指状沙坝转变为具高弯度分流水道的指状沙坝（Xu et al.，2022a）。下面具体阐述两个弯曲过程及弯曲机理。

（一）初始弯曲过程及机理

历史卫星地图指示鄱阳湖东部莲湖乡附近指状沙坝的初始弯曲过程（图3-3）。该指状沙坝呈弯曲状，弯曲度小于1.2，坝上分流水道的弯曲度小于指状沙坝的弯曲度，表现出具低弯度分流水道的指状沙坝的特点。从历史卫星地图中可以看出，分流水道入湖后伴随着河口坝的沉积发生了弯曲，并形成了弯曲的指状沙坝，在弯曲的过程中，分流水道较

为稳定，没有发生迁移摆动（图3-3）。

历史卫星地图难以反映完整的指状沙坝初始弯曲过程。本次利用沉积数值模拟方法，分析指状沙坝的整个初始弯曲过程。考虑指状沙坝的形成条件，模拟时的供给砂泥比为1：9，水排量为1200m³/s，沉积物浓度为0.1kg/m³。考虑到黏度对浅水指状沙坝弯曲过程具有重要的影响（具体影响后文阐述），控制其他参数不变，仅改变沉积物黏度，分别为0.25N/m²、1N/m²、2N/m²与3.25N/m²，共进行四次模拟（SP1～SP4）。所有的模拟运行了400模拟小时，模拟结果如图6-5所示。

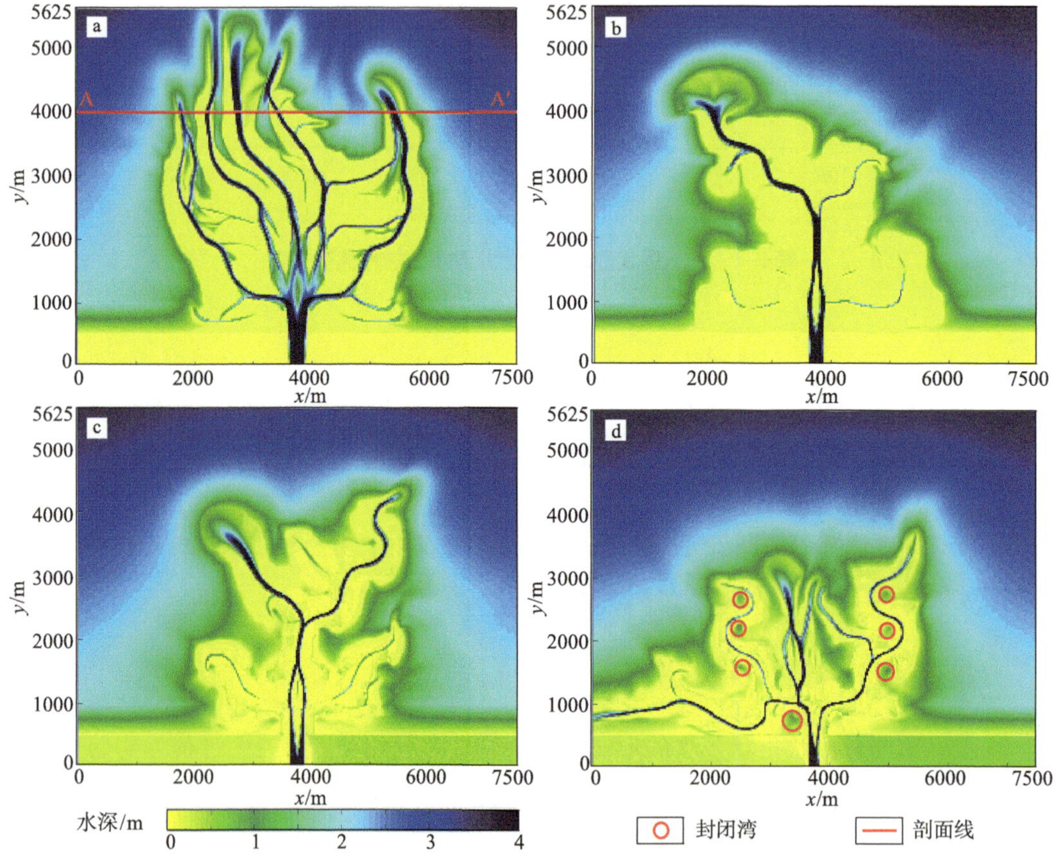

图6-5　模拟SP1～SP4（a～d）的结果平面图

模拟的指状沙坝均为具低弯度分流水道的指状沙坝，坝上分流水道的弯曲度小于指状沙坝，分流水道表现为低弯度，模拟SP1～SP3中分流水道的弯曲度均小于1.20，在模拟SP4中仅部分分流水道的弯曲大于1.20（图6-5）。

模拟结果表明，指状沙坝的初始弯曲过程可以细分为两种。第一种初始弯曲过程，曾被Edmonds et al.（2010）描述过，会导致封闭港湾的形成（图6-5d）。一个初始的弯曲会形成一个不对称的河口坝，其一侧相较另一侧的底形坡度较陡且离岸方向可容空间更高，

因此，更多的水与沉积物就会被搬运到这一侧并充填可容空间，也就形成了一个弯曲的河口坝。当另外一侧的坡度更陡、可容空间更多时，分流水道更容易向另一侧分流，这一侧逐渐废弃，这样一个河曲就形成了。在这个过程中，如果河口坝与岸线之间被沉积物连接起来了，那么就形成一个封闭港湾。

第二种初始弯曲过程也与一个不对称的分流相关，但是并未形成封闭港湾（图6-5a、b、c）。以模拟SP3的中部指状沙坝为例，分流水道一开始顺直向湖盆延伸（图6-6a），分流水道位于指状沙坝中部，分流水道中部的流速也较高（图6-6e）。随着河口坝的形成，分流水道开始分流（图6-6b、f），形成了两个初始弯曲的河道。这个分流是不对称，也就导致了右侧分流能量较强，而左侧分流逐渐废弃（图6-6c、g）。随后，右侧的分流开始侵蚀河口坝的右侧，并向右转弯（图6-6c、i），随着新的河口坝的形成，分流水道不断向右转并逐渐与岸线平行。此时，排量开始集中于河口坝的左侧（图6-6g），分流水道停止向右转，开始侵蚀河口坝左侧并向左转（图6-6d、h、j）。如此往复，分流水道便蜿蜒地向湖盆顺源延伸（图6-5c）。相似的弯曲过程也发生在模拟SP1与SP2中（图6-5a、b与图6-7）。

上述两种初始弯曲过程中，分流水道的弯曲均与河口坝的沉积过程相关。下面将借鉴河流初始弯曲的机理，分析河口坝沉积对初始弯曲过程的影响。

河流初始弯曲的机理目前有两种。一种机理是，交替坝（Alternate bars）的形成导致了顺直河道演变为曲流河道。河道内水流的细微扰动会导致水携沉积物的不规则沉积，进而在底形之上形成了交替坝，并在稳定河岸存在的情况下造成了水流的偏曲（Ikeda，1981；Paker et al.，1982；Kleinhans，2010）。因为交替坝并未在现代与模拟的指状沙坝中观察到（图6-2、图6-5），因此交替坝似乎并不是指状沙坝内坝上分流水道初始弯曲的原因。

另一个河流初始弯曲的机理是河床之上初始基底的不规则空间分布，导致了基底对河流的阻力不均一，进而致使了初始的河道弯曲（Lazarus et al.，2013）。这一机理似乎可以解释分流水道入湖后的第一次弯曲，即分流水道形成的河口坝沉积导致前端底形的空间不规律性。模拟结果也显示了河口坝沉积对分流水道水流偏转的影响（图6-6）。如果河口坝沉积影响了水流并导致水流偏转，那么分流水道就会发生初始弯曲并形成弯曲状的指状沙坝。

研究发现，只有浅水环境下，指状沙坝呈弯曲状，而较深水三角洲指状沙坝呈顺直状（表6-1、图6-2）。因此，盆地水深是一个重要的因素，决定着河口坝沉积是否会影响水流并导致水流偏转。

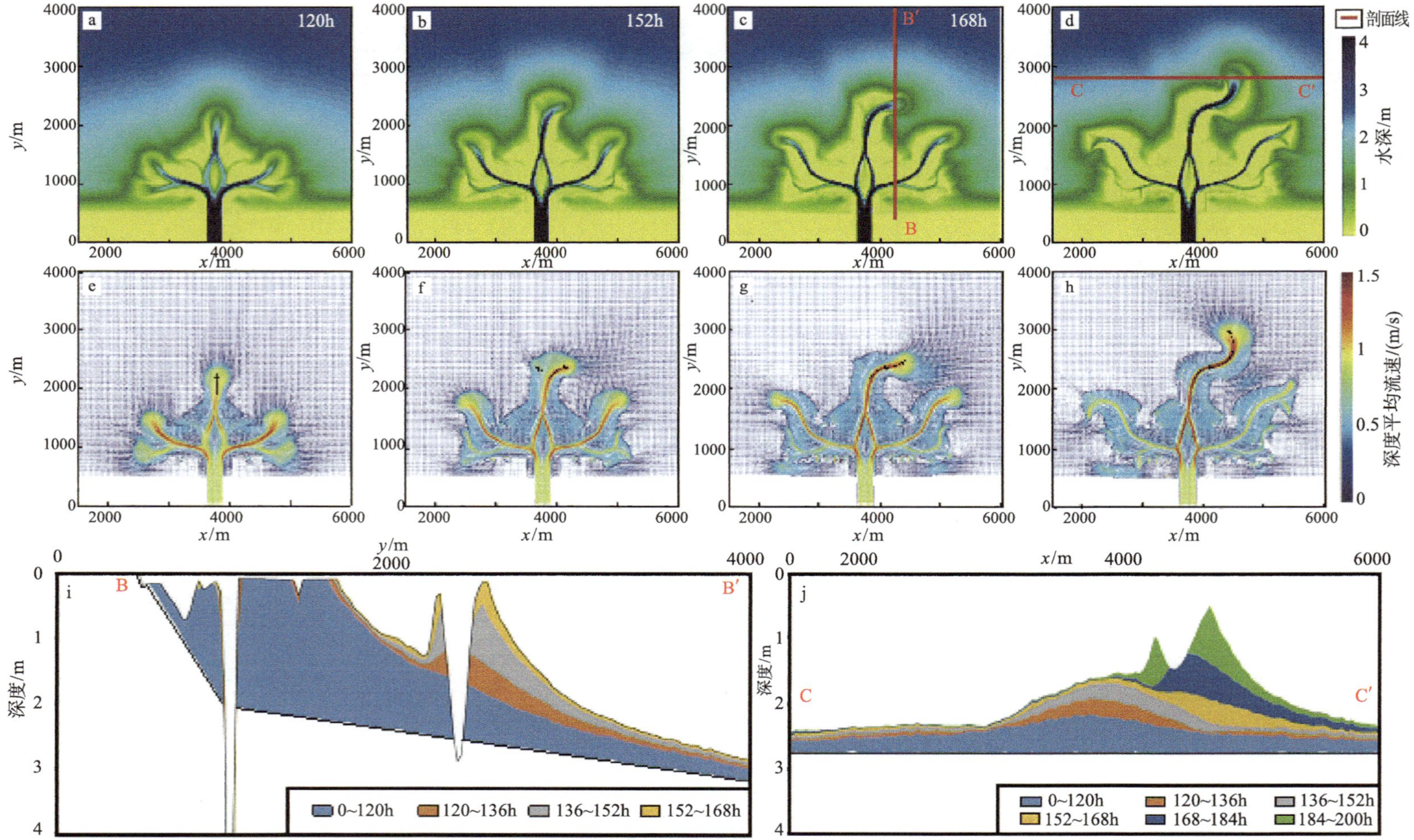

图6-6　模拟SP3中四个关键时间点的平面图与流速分布

i、j的剖面位置如图c、d所示

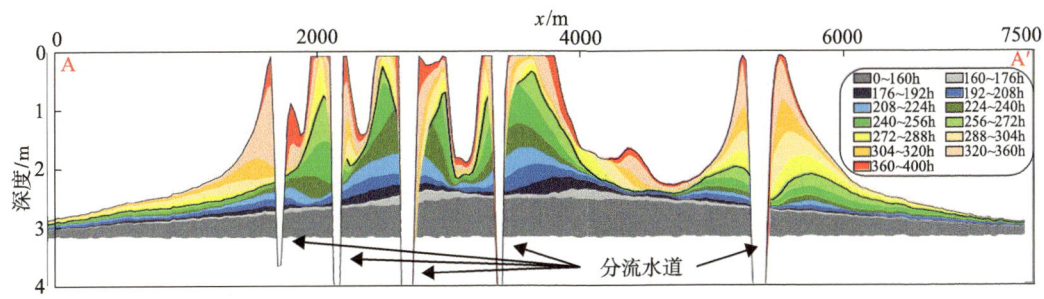

图6-7　模拟SP1中水深变化剖面图

（剖面位置如图6-5a中所示）

　　盆地水深控制着河口处水流的动力学特征，如深河口促进了高流速、恒定低扩散角、弱顺流速度衰减、少推移质搬运的惯性力主导的水流；浅河口促进了中等水流速度、快速侧向扩散与减速的摩擦力主导的水流（Postma，1990；Wright，1977；Falcini，2010）。因此，浅水河口促进了河口坝的快速沉积，进而使得水流因河口坝的阻碍而形成绕流，导致了弯曲的指状沙坝与分流水道的形成。相反的是，惯性主导水流流速较快，随着流速的缓慢下降，河口坝也缓慢沉积。起初，因盆地水深较大，分流水道难以直接向前延伸，待到河口坝沉积至接近分流水道底界面的时候，分流水道才能继续延伸。河口坝中部高度接近分流水道底界面，分流水道沿着河口坝中部延伸，进而形成顺直的指状沙坝。

　　本研究也利用Delft3D模拟了在较深水条件下，即在河口处河盆水深比小于1时，指状沙坝的沉积过程，如图6-8所示。该模拟中的参数设置与SP3相似，但河流流量为100m³/s，河口处初始水深为7m，最大水深为11m。经过模拟后，三角洲分流水道下切深度约为3m，那么，河口处的河盆水深比则小于0.5，为典型的较深水三角洲，并发育指状沙坝。在该沉积条件下，分流水道顺直向前延伸，形成了2条顺直状的指状沙坝，图6-8b中向东侧延伸的第二条指状沙坝也是顺直生长的，其锯齿状是受网格的影响。

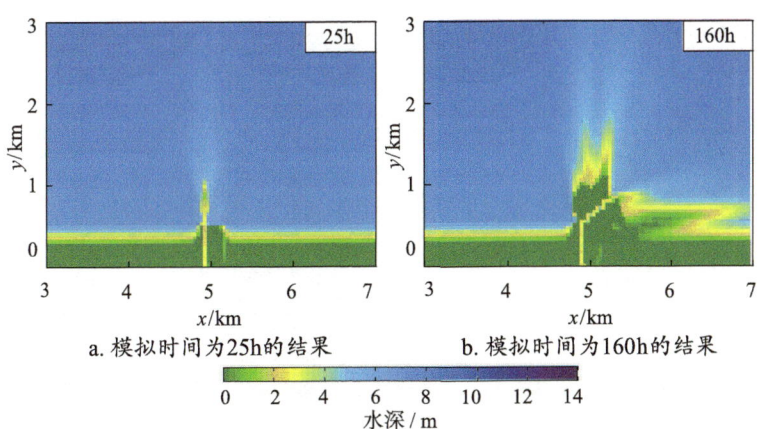

a. 模拟时间为25h的结果　　　　　b. 模拟时间为160h的结果

图6-8　深水条件下指状沙坝沉积模拟结果平面图

此外，在浅水河口，喷流多呈曲流状，常见于现代（图6-9a、b）、数值模拟（图6-5）的浅水三角洲指状沙坝中，也见于水槽模拟的浅水三角洲指状沙坝（Giger et al.，1991；Dracos et al.，1992；Socolofsky et al.，2004；Rowland et al.，2009）。因此，喷流开始沿着他的中心线弯曲，其长度约为水体深度的10倍（Dracos et al.，1992）。相对的，深水三角洲指状沙坝的河口处喷流是顺直的（图6-9c、d）。喷流弯曲常见于浅水河口，增加了沉积物的侧向搬运，进而促进了弯曲浅水指状沙坝的形成。

Lazarus et al.（2013）也解释了河道弯曲度与水流阻力和坡度之比的关系。河道的弯曲度与这一比值成正比，而这一比值与弗洛德数相关。这也能辅助解释浅水三角洲指状沙坝及坝上分流水道弯曲的现象。在浅水三角洲指状沙坝中，流动阻力较高、坡度较低，弗洛德数也较低，因此，与较深水三角洲指状沙坝内坝上分流水道相比，浅水三角洲指状沙坝内的坝上分流水道更易发生弯曲。

综上所述，浅水环境下（河—盆水深比大于1），河口坝快速沉积，导致了指状沙坝及坝上分流水道的初始弯曲，并形成了具低弯度分流水道的指状沙坝。因此，也可以利用指状沙坝是否弯曲来判断该指状三角洲是否是浅水三角洲。

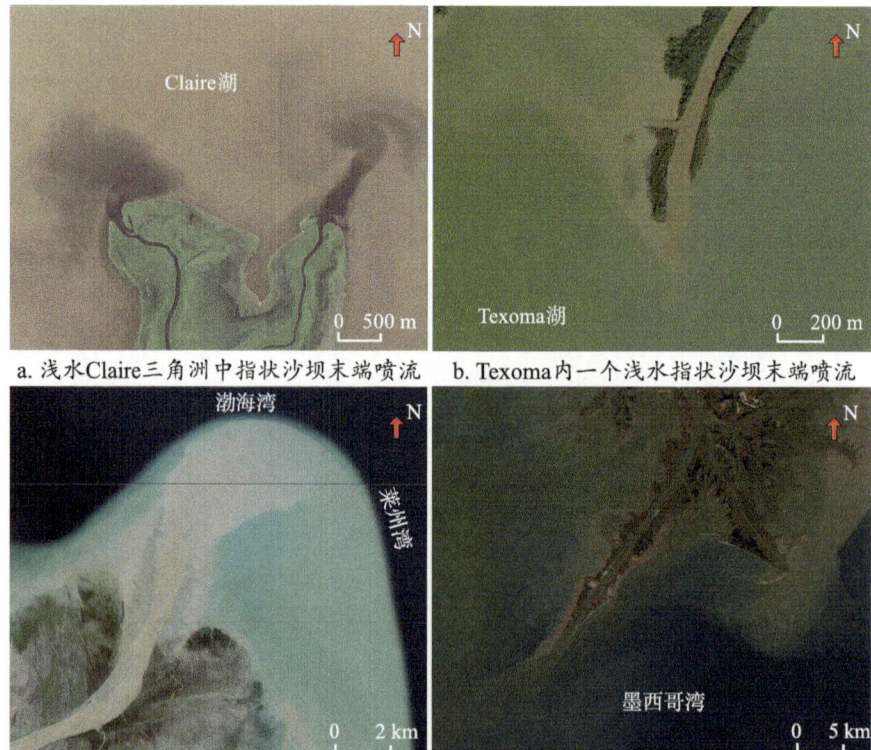

a. 浅水Claire三角洲中指状沙坝末端喷流　　b. Texoma内一个浅水指状沙坝末端喷流

c. 深水黄河三角洲指状沙坝末端喷流　　d. 深水密西西比三角洲指状沙坝末端喷流

图6-9　指状沙坝末端喷流形态

下面将重点阐述这两个初始弯曲过程的差异性及控制因素。浅水条件下的河口坝快速沉积是指状沙坝初始弯曲的主要原因，也是上述两个初始弯曲过程共同的控制机理。数值模拟结果表明两类初始弯曲过程的影响因素是沉积物的黏性（图6-5）。沉积物黏性影响着分流河流堤岸的强度，进而黏性影响着浅水指状沙坝的弯曲过程，高黏性沉积物促进封闭港湾的形成（如模拟SP4），中—低黏性的沉积物则不会（如模拟SP1～SP3）。

图6-10为这两类初始水道弯曲过程的示意图。在分流水道弯曲至近沿岸线延伸之前，两类指状沙坝内分流水道的初始弯曲过程是相似的（图6-10a～d）。在这之后，指状沙坝的弯曲过程受控于河岸强度与水流离心力的耦合作用。对于高黏性的指状沙坝，河岸强度超过了水流的离心力，指状沙坝会继续向近源方向弯曲并在河曲内形成封闭港湾（图6-10e、f）；对于低黏性的指状沙坝，河岸强度不足以抵抗水流的离心力，分流水道转而向顺源方向延伸而不会形成封闭港湾（图6-10g）。本书中的模拟以及Edmonds et al.（2010）的模拟均表明，较高的沉积物黏性增加了初始河曲的弯曲度，促进封闭港湾的形成。封闭港湾的数量与沉积物黏性（由临界剪切应力量化）成正比，当黏性＞1.0N/m^{2}时封闭港湾才会形成（图6-11）。指状沙坝现代沉积中少见封闭港湾，这暗示了现代沉积中沉积物黏性不足以促使水流向近源方向的流动。

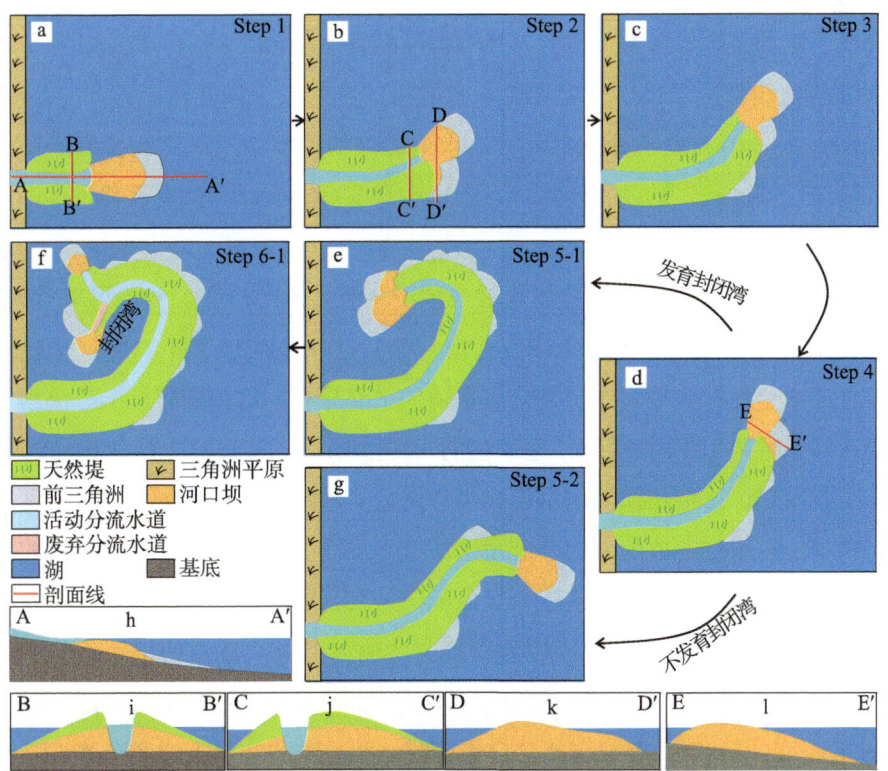

图6-10　两类指状沙坝初始弯曲过程的示意图

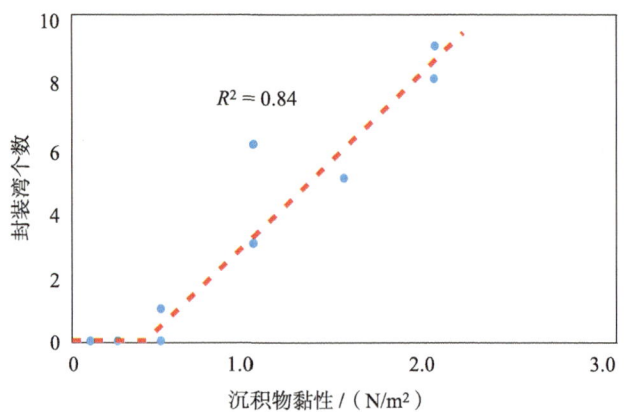

图6-11　沉积物黏性与封闭港湾个数的关系

（二）侧向迁移过程及机理

在初始分流水道形成后，可能会发生侧向迁移，形成更加弯曲的分流水道。分流水道侧向迁移过程会在河道凸岸一侧形成点坝沉积（Leopold et al.，1966；Ikeda，1989；Ghinassi et al.，2016；Schuurman et al.，2016），具高弯度分流水道的指状沙坝内均发育点坝沉积。

侧向迁移过程可以通过凹岸侧积沙坝地貌（Concave scroll bar morphology）识别，即在河道凹岸一侧的大致与河道平行的一系列的曲线脊（Smith，1974；Church et al.，1982）。凹岸侧积沙坝地貌常见于具高弯度分流水道的指状沙坝中，如赣江三角洲、Athabasca三角洲等（图6-2），但未见于具低弯度分流水道的指状沙坝中。沉积数值模拟没有再现分流水道的侧向迁移过程，其成因砂体—点坝也没有发育。因此，侧向迁移过程主要通过现代沉积来分析。

根据点坝的分布、凹岸侧积沙坝地貌与坝上分流水道的位置，我们可以重建10个具高弯度分流水道的指状沙坝侧向迁移前的初始坝上分流水道的分布。图6-12显示了3个具高弯度分流水道的指状沙坝中初始分流水道的平面分布。这些初始坝上分流水道与具低弯度分流水道的指状沙坝中坝上分流水道的弯曲度相似，且发育于指状沙坝的凹岸一侧（图6-4、图6-12）。这种相似性暗示了具高弯度分流水道的指状沙坝中高弯曲度的坝上分流水道可能是由初始低弯曲的坝上分流水道演变而成的。在具高弯度分流水道的指状沙坝末端，初始低弯曲的坝上分流水道还未开始侧向迁移，故不发育点坝沉积（图6-12）。

初始坝上分流水道发生侧向迁移的机理与弯曲河流侧向迁移的机理相似。在河流初始弯曲后，水流在离心力的驱动下形成二次流（Secondary flow）（Dietrich et al.，1979；Johannesson et al.，1989），其原因是与自由面侧坡相关联的侧压力梯度有关（Solari et al.，2002）。这种二次流会使得水流侵蚀凸岸，并将沉积物带向凹岸，进而导致了河流发生侧

向迁移。侧向迁移过程可以在地貌上留下痕迹，即凹岸侧积沙坝地貌（Concave scroll bar morphology），并在凹岸一侧形成点坝沉积。

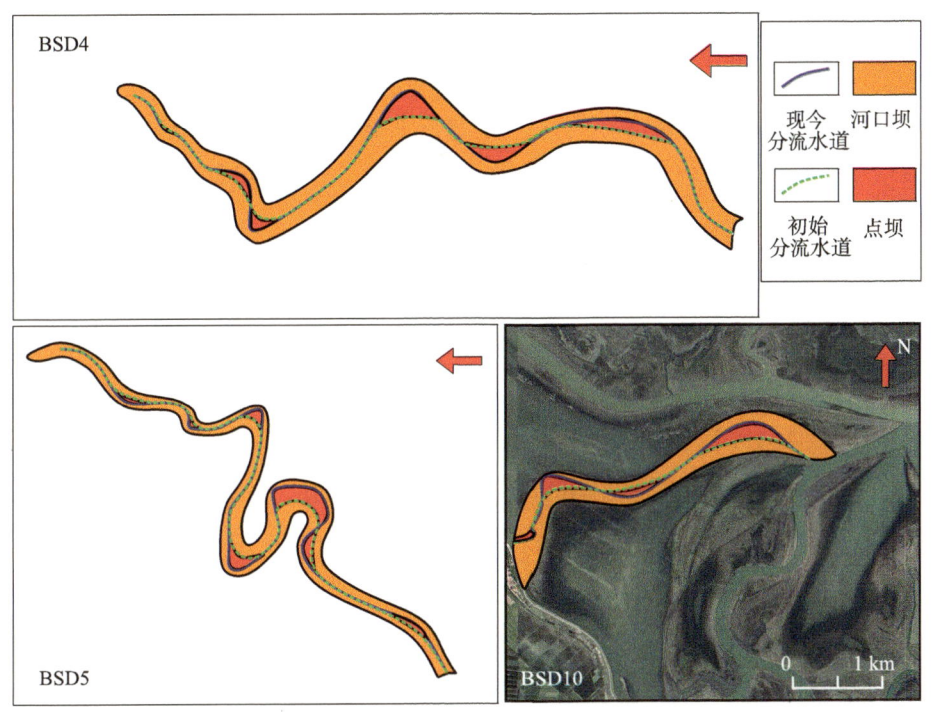

图6-12 三个具高弯度分流水道型指状沙坝与初始分流水道的平面图

相似地，初始弯曲的坝上分流水道也会在离心力驱动下发生侧向迁移。从图6-12可以看出，初始弯曲的坝上分流水道在弯曲段下切于指状沙坝的内凹一侧，但是在侧向迁移后，坝上分流水道逐渐下切于指状沙坝的外凸一侧，这一过程使得坝上分流水道的弯曲度增加了，但不会影响指状沙坝的弯曲度，因为分流水道并没有迁移到指状沙坝的侧向边界之外。最终，具低弯度分流水道的指状沙坝便转变为具高弯度分流水道的指状沙坝。

分流水道侧向迁移过程受到离心力、天然堤稳定性与生长时间的共同影响。初始分流水道的弯曲度越高、水排量越大，则弯曲段水流离心力越强，越容易发生侧向迁移，侧向迁移速度也越快；沉积物粒度越细、黏度越高，天然堤越稳定，则分流水道越不容易发生侧向迁移，侧向迁移速度越慢；生长时间越长，离心力的作用时间越长，侧向迁移程度越高。因此，初始分流水道的弯曲度越高、水排量越大、粒度越粗、黏度越低、生长时间越长，具低弯度分流水道的指状沙坝越容易转变为具高弯度分流水道的指状沙坝，分流水道的侧向迁移程度越高。

综上所述，指状沙坝的弯曲过程可以分为两步：第一步是初始弯曲过程，即分流水道

入湖后便发生弯曲并形成具低弯度分流水道的指状沙坝；第二步是侧向迁移过程，即初始弯曲分流水道发生侧向迁移，并伴随着点坝形成，指状沙坝的弯曲度不变，但由具低弯度分流水道的指状沙坝转变为具高弯度分流水道的指状沙坝。

二、指状沙坝弯曲度的控制因素及作用机理

基于数值模拟结果（图5-9），本次分析了供源条件（包括沉积物砂泥比、黏度、浓度、水排量、沉积物供给量）与河口处盆地水深对单一指状沙坝弯曲度的定量控制作用。

（一）供源条件对弯曲度的控制作用

单一的浅水指状三角洲可以发育多个指状沙坝，它们的弯曲度表现出一定的值域，平均弯曲度与供源条件表现出明显的相关关系，这里选择平均弯曲度来反映在这一条件下形成的指状沙坝的总体弯曲度特征（图6-13）。在相同沉积物供给量的情况下，高沉积物黏性与浓度，低砂泥比与水排量有利于形成高弯度的指状沙坝。如在沉积物供给量均为3.84×10^7t情况下，平均弯曲度与沉积物黏度（R^2=0.83）、沉积物浓度（R^2=0.86）均表现出正线性相关关系，而与砂泥比（R^2=0.81）、水排量（R^2=0.87）呈负线性相关关系（图6-13）。

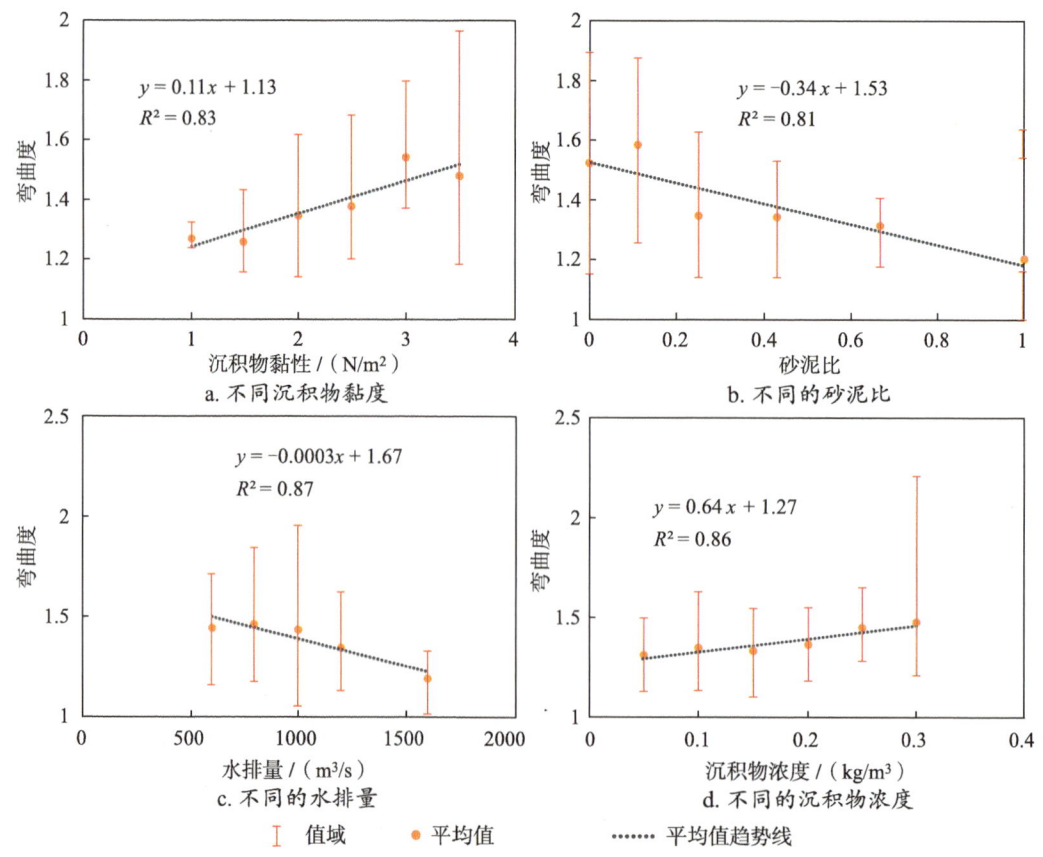

图6-13 供给量相同时弯曲度与不同供源条件之间的关系

随着沉积物不断供给，指状沙坝的弯曲度不断增加，尤其在标准化沉积物供给量（沉积物供给量与 3.84×10^7 t 供给量值之比）小于 50% 时（图 6-14），指状沙坝的平均弯曲度与沉积物供给量之间具有一定的正相关关系。但这种正相关关系在标准化沉积物供给量大于 50% 后就不明显了。在低砂泥比（0 和 0.11）情况下，在标准化沉积物供给量大于 70% 后弯曲度也基本不变了。Pearson、Kendall 和 Spearman 相关系数能够反映两组变量之间的独立性，越高的绝对值反映变量之间相关性越好，绝对值最大为 1，负数代表负相关，正数代表正相关。从表 6-3 中可以看出，在标准化沉积物供给量大于 50% 后，平均弯曲度与沉积物供给量之间基本就不相关了。这也就是说随着沉积物供给量的增加，指状沙坝的平均弯曲度趋于达到一个均衡值，而这 50% 的标准化沉积物供给量则为一个参考的平衡点。

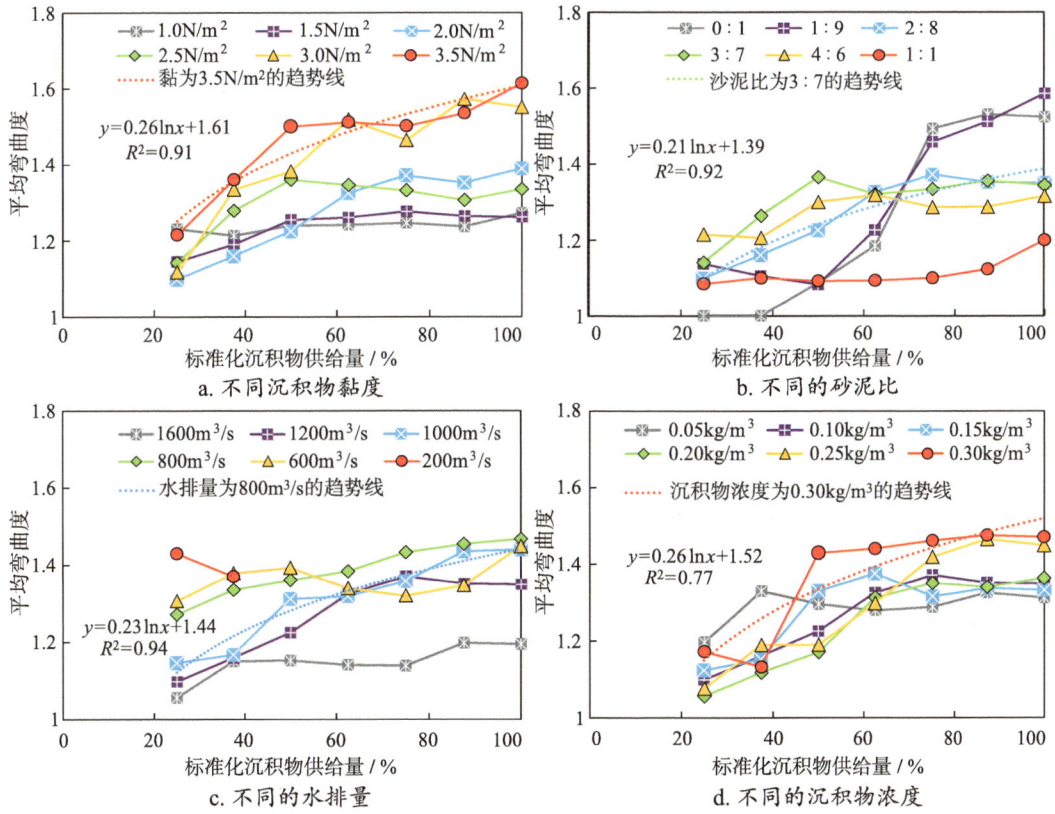

图6-14 指状沙坝弯曲度与沉积物供给量之间的关系

根据线性回归结果，指状沙坝的平均弯曲度（S_{av}）可以定量表达为：

$$S_{av} = (0.060\tau - 0.093R_S - 0.00006Q + 0.15C + 0.20)\ln 10S_n + 0.99 \qquad (6-1)$$

式中，τ 为沉积物黏性，N/m²；R_S 为砂泥比；Q 为水排量，m³/s；C 为沉积物浓度，kg/m³；S_n 为标准化沉积物供给量。相关系数 $R^2 = 0.67$。低弯曲度的指状沙坝具有低的 S_{av} 值，顺

直指状沙坝的 S_{av} 值为 1。如果预测的 S_{av} 值小于 1，那么它的值取 1。

如果标准化的沉积物供给量大于 50%，平均弯曲度与沉积物供给量没有明显相关性，则其可以表达为：

$$S_{av} = 0.14\tau - 0.25R_S - 0.00006Q + 0.45C + 1.20 \tag{6-2}$$

该公式的相关系数 R^2=0.62。

表6-3 平均弯曲度与沉积物供给量之间的相关性分析

相关系数	标准化沉积物供给量	
	>0%	>50%
Pearson 相关系数	0.303	0.113
Kendall 相关系数	0.396	0.158
Spearman 相关系数	0.528	0.203

前文已经分析了指状沙坝的弯曲机理，河口坝的快速沉积与稳定天然堤的限制使得指状沙坝变弯。如果沉积物的黏度越大、砂泥比越低，则越有利于形成稳定的天然堤，指状沙坝的弯曲度越高；沉积物浓度越大，河口坝沉积速度越快，指状沙坝也越容易弯曲；水排量越高，分流水道越容易发生决口并顺源延伸，则指状沙坝的弯曲度越低。沉积物供给量对指状沙坝或分流水道的弯曲度并没有直接的控制作用。

（二）河口处盆地水深对弯曲度的控制作用

单一的浅水指状三角洲可以发育多个指状沙坝，从图 6-15 中的箱状图可以看出，它们的弯曲度表现出一定的值域。在相同沉积物供给量（或相同模拟时间）的情况下，平均

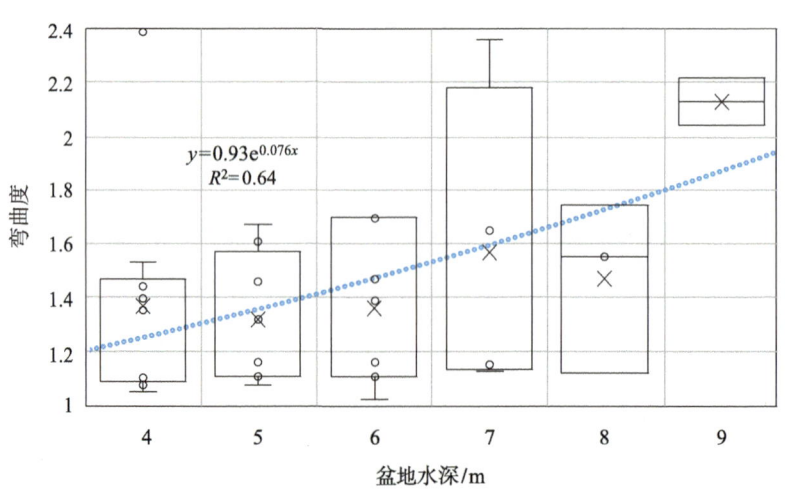

图6-15 模拟时间为640h时弯曲度与河口处盆地水深的关系

弯曲度与河口处盆地水深表现出明显的指数正相关关系，即盆地水深越大，指状沙坝的弯曲度越高。平均弯曲度（S_{av}）可以表达为：

$$S_{av} = 0.93\mathrm{e}^{0.076d} \tag{6-3}$$

式中，d 为河口处盆地水深，m。相关系数 $R^2=0.64$。

在上一部分中已经讨论过，稳定天然堤的形成有利于分流水道弯度的增加。河口处盆地水深越大，水流中沉积物越容易以悬移质方式进行搬运，有利于天然堤的形成，促进分流水道及指状沙坝变弯。

第三节　指状沙坝延伸长度与宽度的控制因素与作用机理

本节主要基于上一节的数值模拟结果，分析供源条件（包括沉积物砂泥比、黏度、浓度、水排量、沉积物供给量）与河口处盆地水深对指状沙坝延伸长度与宽度的定量控制作用。

一、指状沙坝延伸长度的控制因素及作用机理

（一）供源条件对延伸长度的控制作用

随着沉积物供给量的增加，指状沙坝的延伸长度也随之增加（图 6-16）。无量纲的延伸长度（指状沙坝延伸长度与分流水道宽度之比）与标准化的沉积物供给量有着很好的对数相关关系（$R^2 > 0.95$）。这一对数关系指示了随着三角洲的生长，三角洲的前积速度逐渐降低，这与向湖盆方向水深增加有关。

在沉积物供给量相同的情况下，指状沙坝的延伸长度与水排量成正比，而与其他供源条件的关系不大（图 6-17）。以 100% 的标准化沉积物供给量为例，指状沙坝长度与水排量呈幂关系（$R^2 = 0.82$）。高水排量能够驱使指状沙坝向盆地方向前积更远。

基于多元回归，指状沙坝延伸长度（D_n）可以表达为：

$$D_n = 8.84Q^{0.26}\ln 10 S_n \tag{6-4}$$

式中，如果 $Q=0$ 或者 $S_n=0$，则 $D_n=0$。相关系数 $R^2=0.75$。

指状沙坝的延伸长度反映了分流水道向湖盆的前积能力。水排量越高，水流惯性力越强，分流水道的前积能力也就越强，指状沙坝的延伸长度就越大。随着沉积物供给量增加，盆地可容空间逐渐被充填，分流水道才得以向湖盆前积，指状沙坝的延伸长度也就越长。其他的供源条件与水流惯性力并没有直接的关系，因而对指状沙坝延伸长度的影响不大。

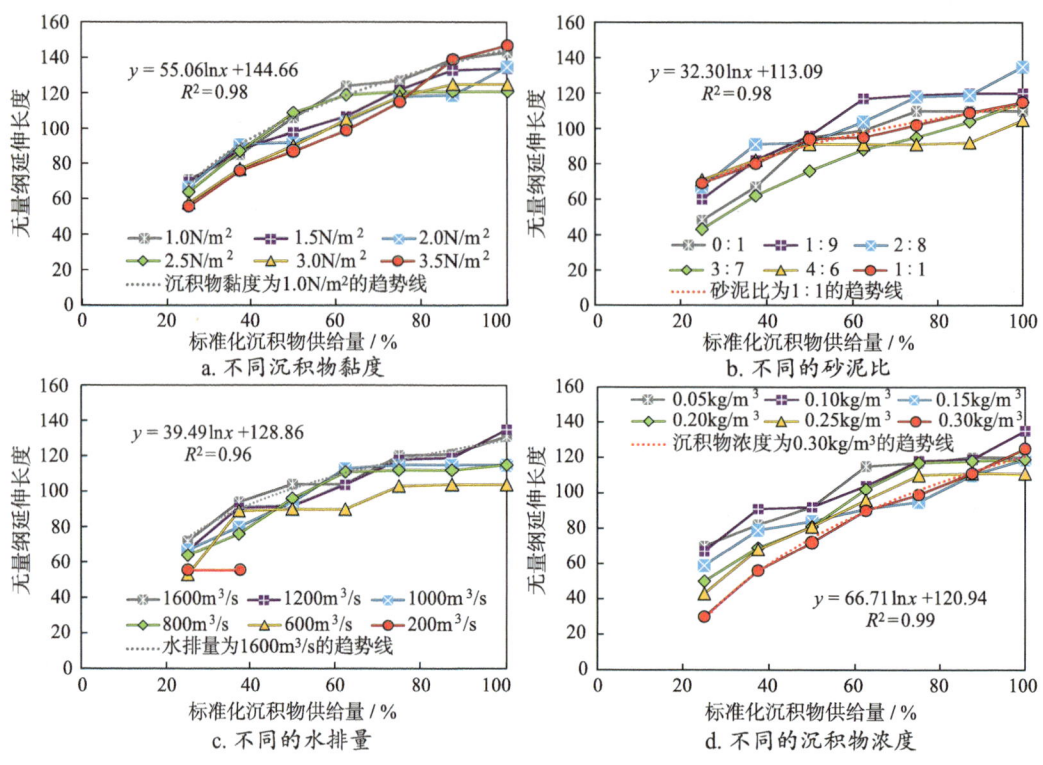

图6-16　指状沙坝长度与沉积物供给量之间的关系

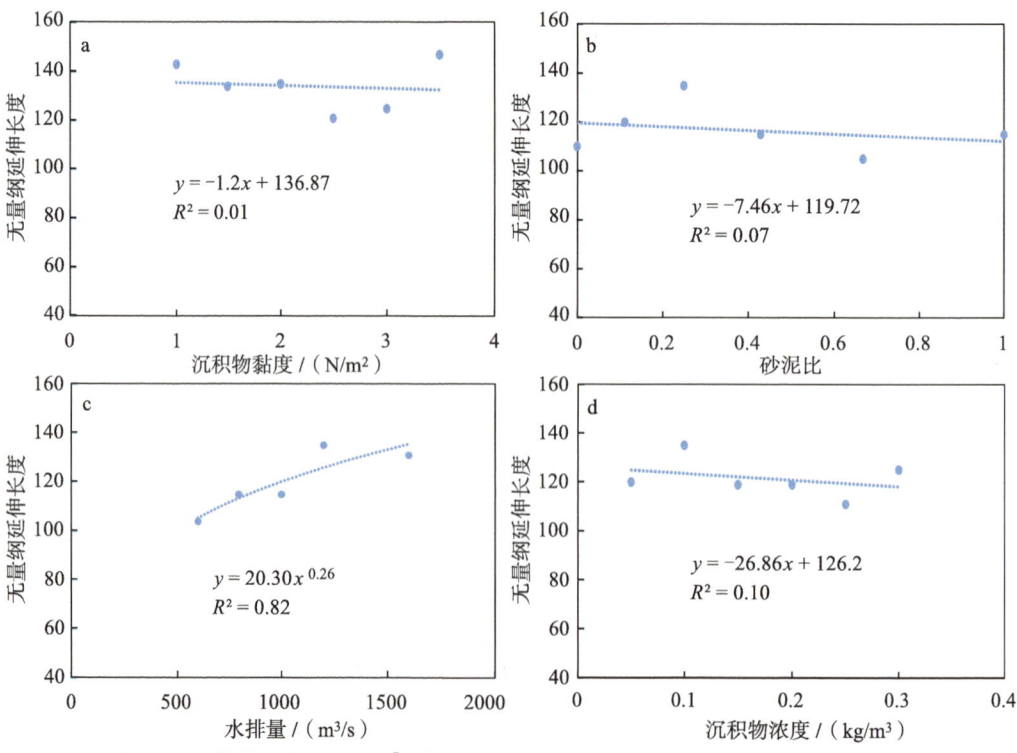

图6-17　供给量为3.84×10⁷t情况下指状沙坝长度与不同供源条件之间的关系

（二）河口处盆地水深对延伸长度的控制作用

在相同沉积物供给量或相同模拟时间的情况下，指状沙坝延伸长度受盆地水深影响较为明显，河口处盆地水深越大，指状沙坝延伸长度越小。在模拟时间为640h时，无量纲化的指状沙坝延伸长度与河口处的盆地水深呈线性负相关关系（图6-18），无量纲化的延伸长度（D_n）可以表达为：

$$D_n = -3.37\,d + 82.91 \qquad\qquad (6-5)$$

该公式的相关系数 $R^2=0.90$。

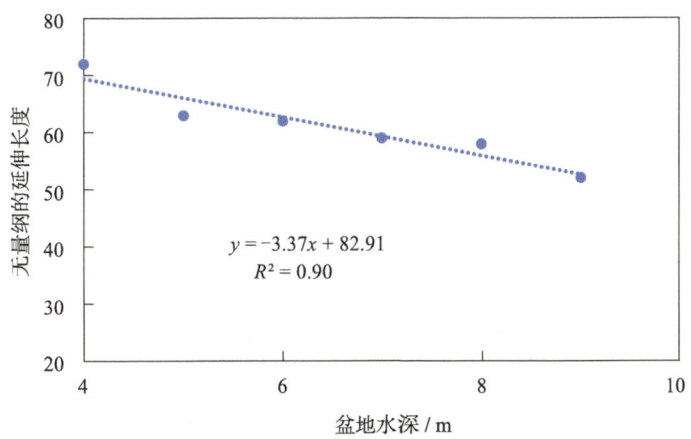

图6-18　指状沙坝的延伸长度与河口处盆地水深的关系

河口处盆地水深越大，充填盆地所需要的沉积物供给量越大，在相同沉积物供给速度的情况下，则分流水道越不容易向前延伸，这样的话，分流水道越容易形成回水效应，一个向近源方向传播的水流会淤高河床并导致溢岸流，在近源处发生决口，此时分流水道不再向前延伸而是在近源处发生了改道。

二、指状沙坝宽度的控制因素及作用机理

（一）供源条件对宽度的控制作用

单一的浅水指状三角洲可以发育多个指状沙坝，这些指状沙坝的宽度是相似的，但仍有差异（图5-5、图6-2）。这里选用平均宽度来反映指状沙坝的整体宽度，而平均的无量纲的宽度则为指状沙坝的平均宽度与分流水道宽度之比。指状沙坝的平均宽度随着沉积物供给量的增加变化很小，尤其在标准化沉积物供给量大于30%时（图6-19）。虽然低黏性（$1.0\sim2.5\text{N/m}^2$）情况下，平均宽度随着沉积物供给量的增加而呈对数增加（$R^2>0.9$），但在标准化沉积物供给量大于30%时，平均宽度的增长速度很慢。从表6-4中可以看出，无论标准化沉积物供给量是否大于30%，Pearson、Kendall 和 Spearman 相关系数的绝对

值均小于 0.26，表明指状沙坝平均宽度与沉积物供给量之间基本不相关。

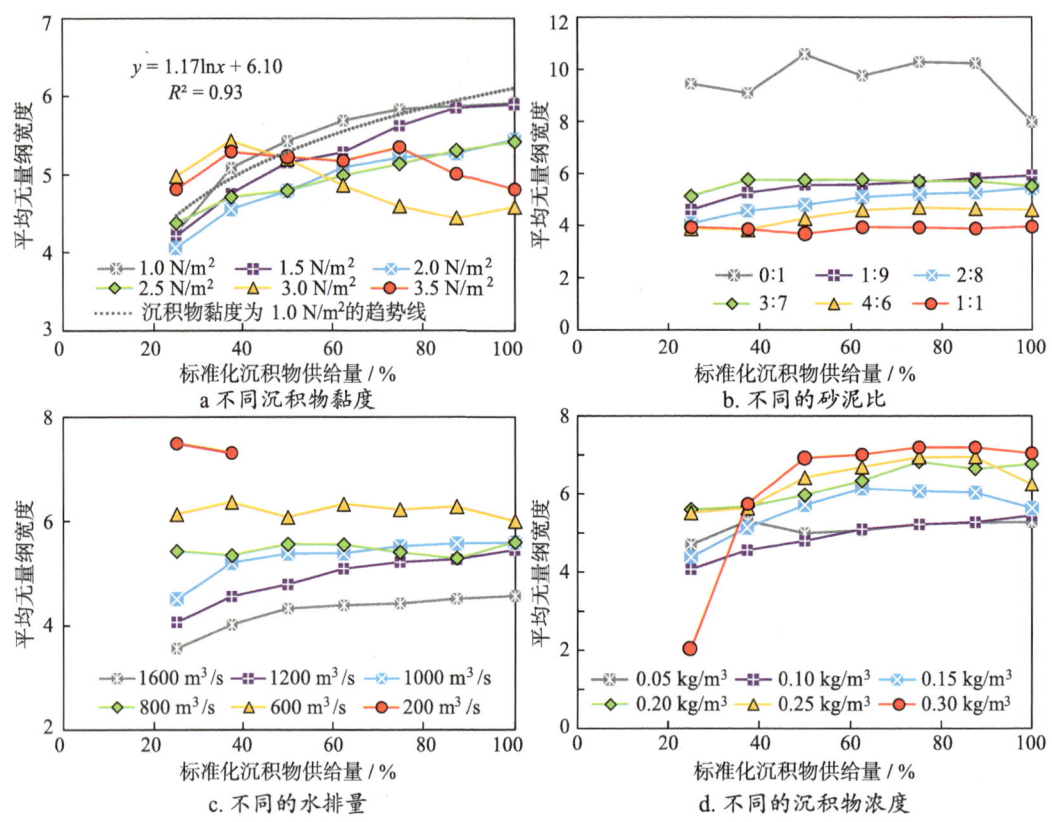

$$y = 1.17\ln x + 6.10$$
$$R^2 = 0.93$$

图6-19　指状沙坝平均宽度与沉积物供给量之间的关系

表6-4　平均宽度与沉积物供给量之间的相关性分析

相关系数	标准化沉积物供给量	
	>0%	>50%
Pearson 相关系数	0.175	−0.031
Kendall 相关系数	0.187	0.017
Spearman 相关系数	0.256	0.018

现代沉积与数值模拟结果表明单一指状沙坝在不同顺源部位的宽度是相似（除末端外），而单一指状三角洲内不同指状沙坝的宽度也是相似的（图5-5、图6-2），因此，指状沙坝的平均宽度在三角洲生长过程中是相对稳定的。

考虑相同的沉积物供给量，低沉积物黏度、砂泥比、水排量与高沉积物浓度有利于形成宽的指状沙坝。以 100% 的标准化沉积物供给量为例，无量纲的平均宽度与沉积物黏度（$R^2=0.85$）、砂泥比（$R^2=0.87$）、水排量（$R^2=0.91$）呈负线性相关关系，与沉积物浓度呈正线性相关关系（$R^2=0.82$）（图6-20）。

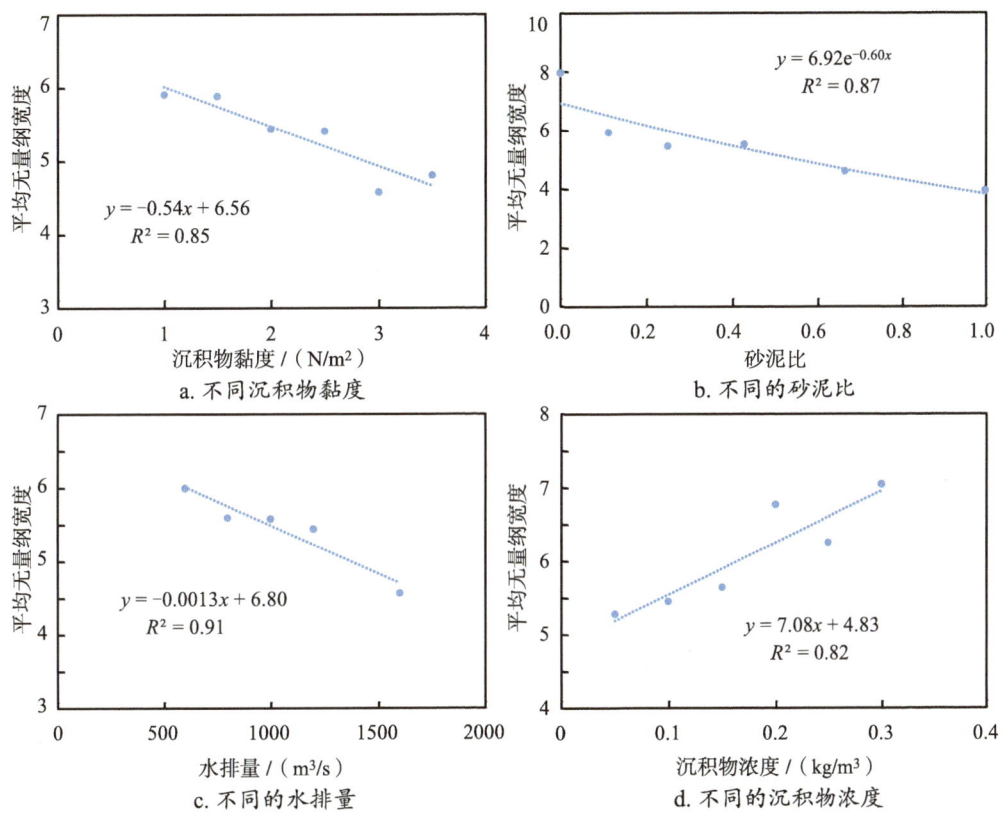

图6-20 指状沙坝平均宽度与供源条件之间的关系

那么，指状沙坝无量纲的平均宽度（$W_{n,\,av}$）可以定量表达为：

$$W_{n,\,av} = \left(-0.15\tau + 2.50\mathrm{e}^{-11.43R_S} - 0.001Q + 4.45C + 1.32\right)\ln 10 S_n + 4.48 \qquad (6\text{-}6)$$

该公式的相关系数 $R^2=0.726$。

如果不考虑沉积物供给量的影响，公式（6-6）可以简化为：

$$W_{n,\,av} = -0.19\tau + 4.67\mathrm{e}^{-13.69R_S} - 0.002Q + 7.29C + 6.82 \qquad (6\text{-}7)$$

该公式的相关系数 $R^2=0.724$。

与公式（6-6）相比，公式（6-7）拟合的相关系数基本没有下降。因此，$W_{n,av}$ 与沉积物供给量的关系不大，公式（6-7）是一个更适用的预测 $W_{n,av}$ 的经验公式。

指状沙坝的宽度与沉积物向两侧的扩散能力有关。沉积物黏度越高，沉积物沉积后越稳定，不容易进一步扩散；砂泥比越高，则沉积物中悬移质搬运成分越少，不利于沉积物侧向扩散；水排量越高，指状沙坝的宽度增大的，但是分流水道的宽度增加更为明显，因此，指状沙坝相对于分流水道的宽度越小；沉积物浓度越高，沉积物越不容易顺源搬运，

而向两侧加积。沉积物供给量及供给时间对沉积物的扩散没有直接控制作用。

（二）河口处盆地水深对宽度的控制作用

在相同沉积物供给量或相同模拟时间的情况下，随着河口处盆地水深的增加，指状沙坝的宽度逐渐降低，在模拟时间为 640h 时，无量纲化的平均宽度与河口处盆地水深呈线性负相关关系（图6-21），无量纲化的平均宽度（$W_{n,av}$）可以表达为：

$$W_{n,av} = -0.26\,d + 4.43 \qquad\qquad (6\text{-}8)$$

该公式的相关系数 $R^2=0.87$。

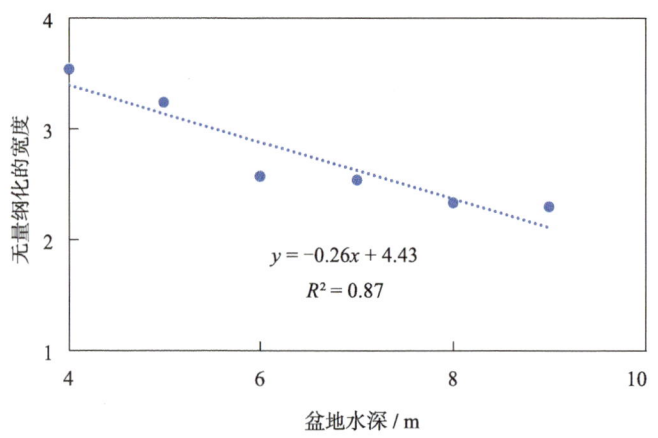

图6-21　指状沙坝平均宽度与河口处盆地水深的关系

河口处盆地水深越大，水流越容易为惯性主导，该类型水流向两侧的扩散角度很小（Falcini et al., 2010），水流中沉积物向两侧扩散的程度越低，形成的河口坝及天然堤沉积的宽度也就越小。

第七章　指状沙坝内部构型及控制因素

本章将基于地质勘测结果，对鄱阳湖浅水缓坡三角洲指状沙坝内部构型进行解剖，揭示赣江三角洲具低弯度与具高弯度分流水道的指状沙坝内部构型特征，分析影响指状沙坝构型的控制因素，建立两类指状沙坝的沉积构型模式。

第一节　指状沙坝内部构型

本节将基于地质勘测结果，建立指状沙坝内部构型分级方案，明确具低弯度分流水道与具高弯度分流水道的两类指状沙坝内部构型特征。

一、构型单元类型及分级方案

第四章第二节已述，根据沉积物粒度、韵律及地貌特征，指状沙坝内可识别 3 种沉积微相类型，包括河口坝、坝上分流河道、天然堤，其中，坝上分流河道内部可发育分流水道与点坝沉积。

参照吴胜和等（2013）的构型分级方案，确定了浅水三角洲指状沙坝的构型分级方案：指状沙坝及分流间湾分别为 7 级构型单元，对应于一个最大自成因旋回对应的主体成因单元；指状沙坝内部的坝上分流水道、点坝、河口坝、天然堤为 8 级构型单元，对应于一个大型底形界面限定的成因单元；河口坝、点坝、天然堤内部的增生体为 9 级构型单元，对应于大型底形内部的增生体（表 7-1）。

根据以上特征，可对岩心柱子进行构型单元解释，为指状沙坝构型分析奠定基础。此外，将岩心柱子与 GPR（探地雷达）剖面进行标定，确定了点坝、河口坝、天然堤与间湾的 GPR 响应特征（图 7-1）（Xu et al., 2022a，2022b）。

表7-1 不同构型单元的分级与沉积特征

8级构型单元	9级构型单元	岩性特征	形态与位置
分流河道	分流水道	分流水道底部发育棕色中砂滞留沉积，废弃分流河道中粉砂与暗色泥岩充填，并发育植物碎屑发育	下切底形，活动或废弃水体
	点坝	棕色或灰色中细砂，正韵律，楔状—槽状交错层理，底部冲刷面	凸岸新月形的滚动坝（scroll bar）
河口坝	—	灰色中细砂，反韵律，板状交错层理或平行层理	底平顶凸
天然堤	—	灰色泥质粉砂和粉砂交互，正韵律，发育植物根	分流水道两岸
分流间湾	—	暗色泥，发育植物碎屑	低洼地势，含湖水

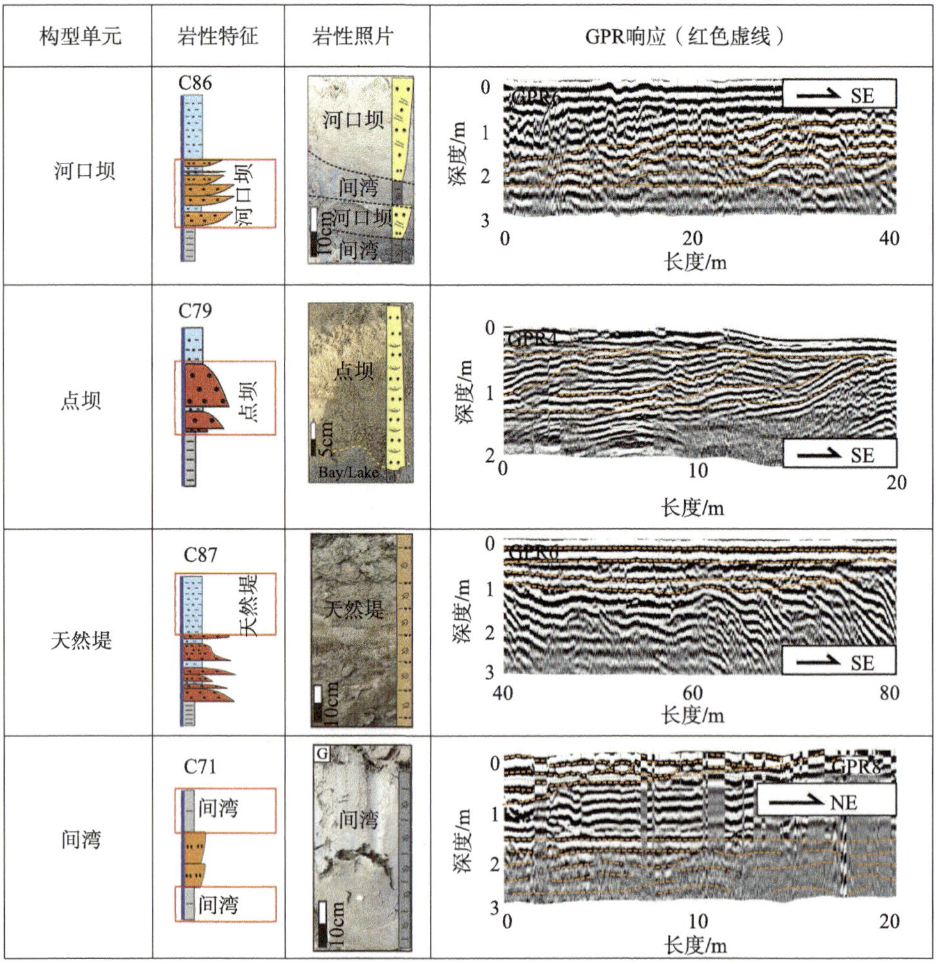

构型单元	岩性特征	岩性照片	GPR响应（红色虚线）
河口坝	C86		
点坝	C79		
天然堤	C87		
间湾	C71		

图7-1 不同类型构型单元的岩心与GPR响应特征

（1）河口坝以水平基底和拱形顶部的楔形反射为特征。在河口坝沉积物中，多层泥质—粉砂质的加积层将上粗下细的加积砂体分隔开来。这些加积层在GPR剖面中表现为

与河口坝顶部几乎平行的凸起反射（图7-1a）。

（2）边滩具有切割基底和平坦的顶部。边滩沉积物包含多层粉砂质泥膜，将上细下粗的侧向加积砂体分隔开来。粉砂质泥膜以倾斜反射为特征（图7-1b）。

（3）堤岸和内部加积层位于河口坝之上，以平行反射为特征（图7-1c）。

（4）湾/湖沉积物以不连续的波状反射为特征（图7-1d）。

二、两类指状沙坝的内部构型特征

为确定鄱阳湖赣江三角洲指状沙坝内部构型特征，已对多个指状沙坝进行了地质勘测，如BSD3～BSD6、BSD10等（图4-1）。通过分析发现，具低弯度分流水道的指状沙坝与具高弯度分流水道的指状沙坝表现为不同的内部构型特征。下面分别以陶家港附近的具高弯度分流水道的BSD5与具低弯度分流水道的BSD6为例（图7-2），分别详细阐述两类指状沙坝内部构型的共性与差异性特征。

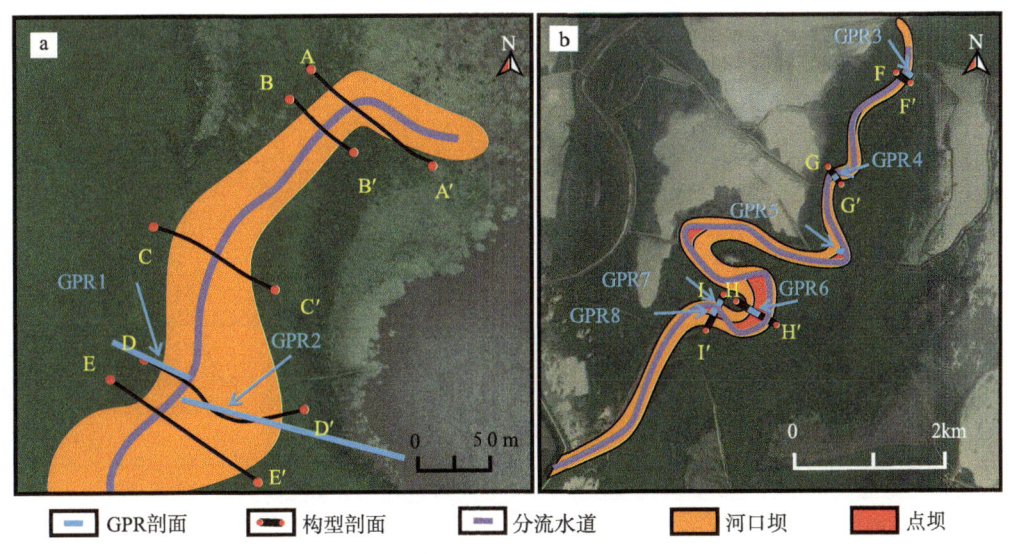

图7-2　BSD6（a）与BSD5（b）的GPR剖面与构型剖面的位置

（一）两类指状沙坝内部构型的共性特征

基于浅钻孔、探地雷达（GPR）结果，确定了BSD5与BSD6切物源方向的构型分布（图7-2至图7-6）。从图中可以看出，具高弯度分流水道的BSD5与具低弯度分流水道的BSD6具有一些相似的构型特征。它们内部均发育着坝上分流河道、河口坝与天然堤沉积。河口坝呈底平顶凸形态，厚达0.5～1.0m，宽达200～300m，为主体沙质沉积。坝上分流河道内的分流水道可深达0.3～2.5m、宽达10～30m，深切甚至切穿河口坝沉积，河口坝呈翼状分布于分流河道两侧。天然堤沉积可达0.4～1.5m厚、200～300m宽，分

鄱阳湖赣江三角洲指状沙坝沉积构型

布于分流水道两岸，并覆盖于河口坝沉积之上。在指状沙坝中部，河口坝的厚度最大，而天然堤厚度最薄，向分流水道两侧方向，河口坝变薄，天然堤先变厚再变薄，并逐渐过渡为分流间湾沉积。

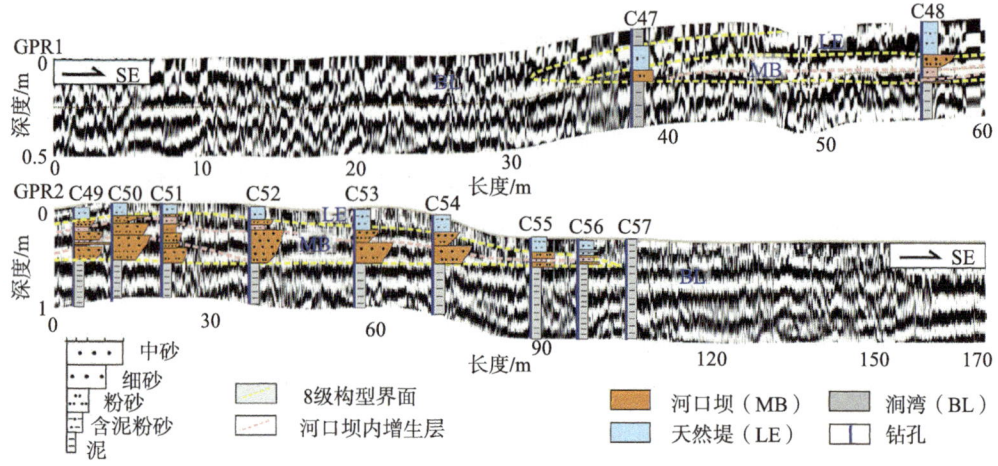

图7-3 BSD6探地雷达剖面（剖面位置见图7-2a）

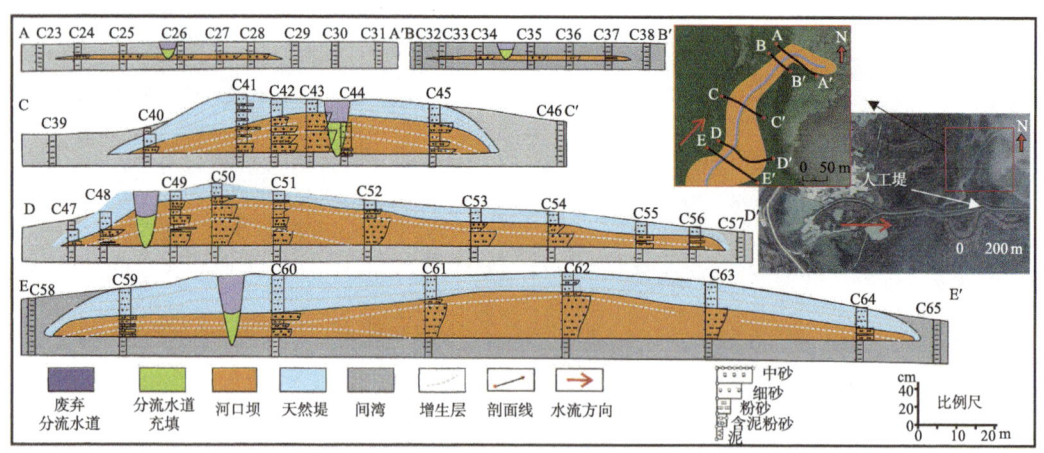

图7-4 BSD6的构型剖面图

顺源方向，河口坝与天然堤的厚度均不断减薄，宽度也有减小的趋势，分流水道的下切深度逐渐减小（图 7-4、图 7-6）。对于 BSD5，河口坝的宽度由 300m 减少至 10m、厚度由 1.0m 减小至 0.3m，天然堤的宽度由 300m 减少至 10m、厚度由 1.5m 减小至 0m，坝上分流水道的下切厚度由 2.5m 降至 0.3m（图 7-4）；对于 BSD6，河口坝的宽度由 200m 减少至 50m、厚度由 0.5m 减小至 0.1m，天然堤的宽度由 200m 减少至 50m、厚度由 0.4m 减小至 0m，坝上分流水道的下切厚度由 1.0m 降至 0.2m（图 7-6）。

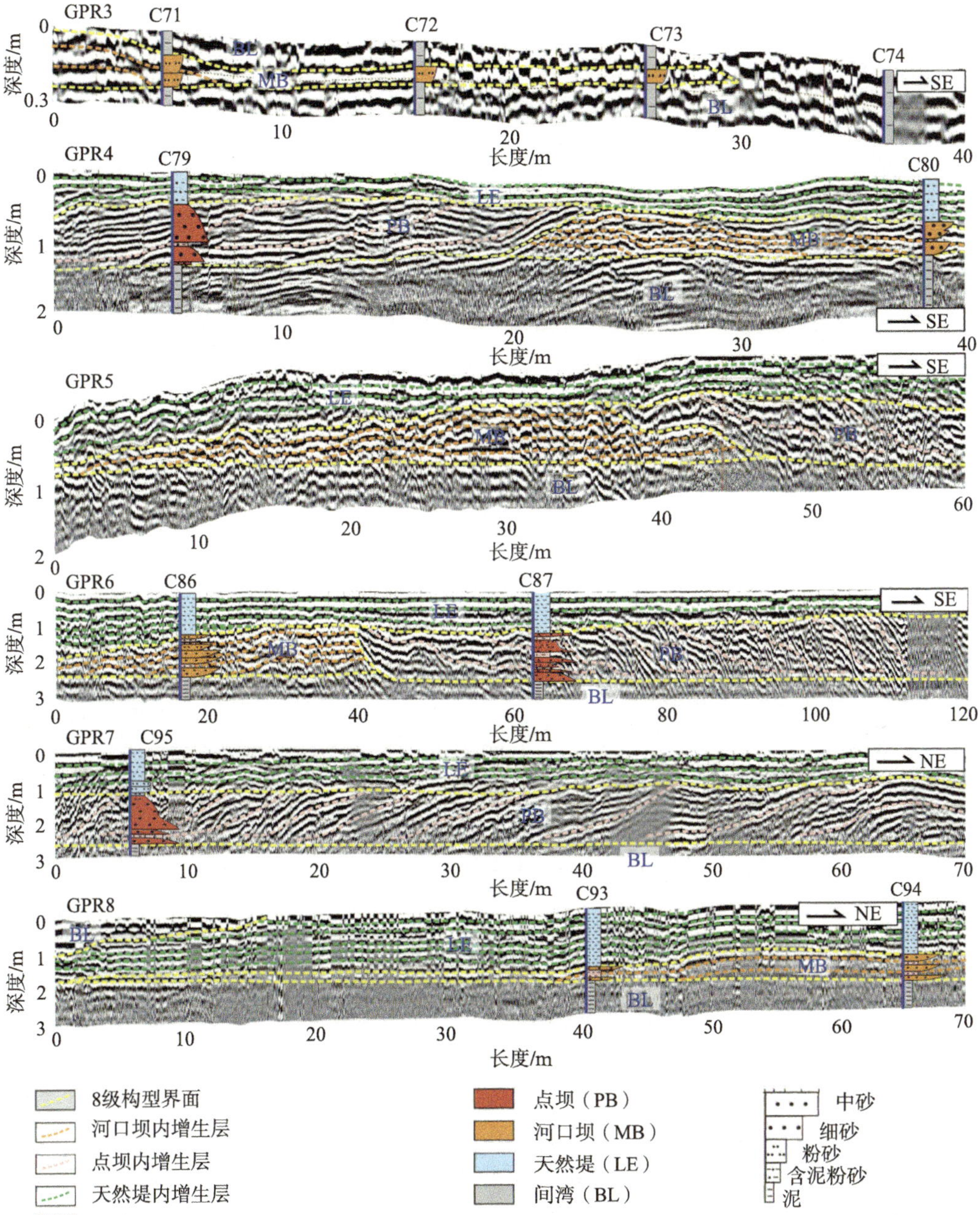

图7-5 BSD5探地雷达剖面（剖面位置见图7-2b）

　　向顺源方向降低的植被高度（BSD5由2.0m降到0.2m，BSD6由0.5m降到0.05m）指示了分流水道两岸海拔高程的顺源降低，高程可下降超过0.5m（图7-7、图7-8），指状沙坝的顶面高程与其厚度呈正比。

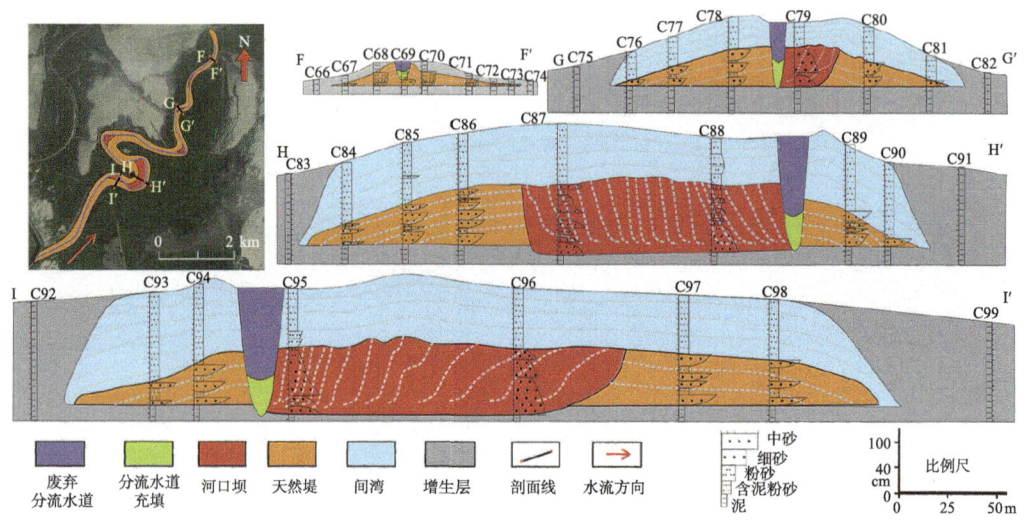

图7-6　BSD5的构型剖面图

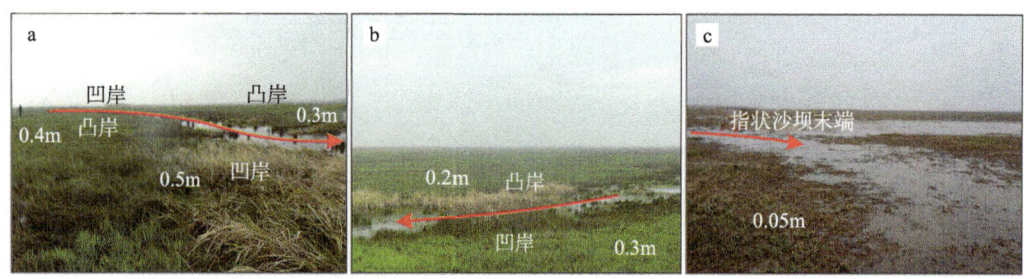

图7-7　BSD6典型的地貌照片（红色箭头指示着顺流方向）

图7-8　BSD5典型的地貌照片（红色箭头指示着顺流方向）

　　指状沙坝的弯曲也有向顺源方向逐渐降低的趋势，如BSD5的弯曲度由3.92降至1.14（图7-6）。在指状沙坝末端，坝上分流水道多下切于河口坝中部，并且粉砂质的天然堤逐渐尖灭。

　　在河口坝、点坝与天然堤内部，均可发育增生层（图7-3至图7-6）。其中，河口坝内部增生层在侧向上呈上拱状，与河口坝顶部平行；点坝内部增生层（侧积层）侧向排

列，向凹岸一侧迁移；天然堤内部增生层呈水平状。顺源方向，各类增生层的厚度与期次均不断减小。

（二）两类指状沙坝内部构型的差异特征

1. 具低弯度分流水道的指状沙坝的内部构型特征

BSD6 与坝上分流水道均为低弯曲状，两者弯曲度分别为 1.22 与 1.20，弯度比为 0.98，小于 1，为具低弯度分流水道的指状沙坝（表 6-1）。下面以 BSD6 为例分析具低弯度分流水道的指状沙坝的内部构型特征。

具低弯度分流水道的指状沙坝由河口坝、坝上分流水道与天然堤沉积组成，不发育点坝沉积（图 7-4）。在探地雷达剖面上，反射轴呈近水平状分布，反映了指状沙坝内部以垂向加积为主，不发育斜列式反射轴（图 7-3）。指状沙坝的宽度为 50～200m，其宽度约为分流水道的 5～10 倍，天然堤厚度较薄，小于 0.3m（图 7-4）。在探地雷达剖面上，顶部天然堤沉积比下部河口坝沉积的波形连续性较好，这可能与天然堤内泥质与粉砂薄互层有关，而河口坝主要为细砂沉积（图 7-3）。

在顺直段，坝上分流水道下切于指状沙坝中部；而在弯曲段，坝上分流水道下切于指状沙坝内凹一侧（图 7-4）。由此导致，分流水道两翼的河口坝在顺直段是对称的，而在弯曲段是不对称的。在分流水道凹岸一侧，河口坝宽度较窄、厚度较薄；在分流水道凸岸一侧，河口坝宽度较大、厚度较厚，河口坝的最厚部位也位于分流水道的凸岸一侧。相对于分流水道凹岸，凸岸一侧的海拔高度较高（图 7-7）。

在河口坝内，存在两层泥质—粉砂质增生层，分隔了三期上拱状的增生体（图 7-4 中的 C—C′ 至 E—E′ 剖面），而在厚度较薄的末端河口坝中，只发育了一期增生体（图 7-4 中的 A—A′ 和 B—B′ 剖面）。河口坝内部增生层的倾角小于 1°（0.15°～0.7°），在分流河道的外弯处（GPR2）比内弯处（GPR1）更大（平均为 0.6° 和 0.2°）。在指状沙坝的近端，增生体粒度较粗，泥质—粉砂质增生层较薄（<5cm）且不连续，倾角较小（图 7-4 中的 D—D′ 和 E—E′ 剖面）。在指状沙坝的中部，增生体的粒度相对较粗，泥质—粉砂质增生层较厚（0.2～10cm）且更连续，倾角较大（图 7-4 中的 C—C′ 剖面）。在指状沙坝末端，河口坝内只发育了一期增生体，颗粒较细且厚度较薄（图 7-4 中的 A—A′ 和 B—B′ 剖面）。

2. 具高弯度分流水道的指状沙坝的内部构型特征

BSD5 与坝上分流水道均呈高弯曲状（曲流状），两者弯曲度分别为 1.40 与 1.72，弯度比为 1.23，为具高弯度分流水道的指状沙坝（表 6-1）。下面以 BSD5 为例分析具高弯度分流水道的指状沙坝的内部构型特征。

具高弯度分流水道的指状沙坝的坝上分流河道内发育坝上分流水道与点坝，分流水

道的宽度为 10～30m，点坝沉积远比分流水道宽，可达到 30～150m。指状沙坝的整体宽度为 100～300m，它的宽度为坝上分流水道的 5～10 倍，但仅为坝上分流河道（包括分流水道与点坝）的 2～4 倍（图 7-6）。与低弯度分流水道型相比，高弯度分流水道型指状沙坝的天然堤厚度较大，多大于 0.5m，其厚度可与河口坝的厚度相近（图 7-6、图 7-8）。在探地雷达剖面上，河口坝及天然堤沉积对应的反射轴呈近水平状分布，天然堤比河口坝的波形连续性略好；对于点坝沉积，反射轴表现为斜列式，反映点坝内部侧积层与侧积体的侧向叠加样式（图 7-5）。

在顺直段，坝上分流水道仍然下切于指状沙坝中部，但是在弯曲段，坝上分流水道的下切位置是顺源变化的（图 7-5、图 7-6）。在近源弯曲段，分流水道下切在指状沙坝的外凸一侧，导致指状沙坝主体部分位于分流水道的凸岸，但已被分流水道改造并由点坝所代替，因此，指状沙坝的中部为点坝沉积，如图 7-6 中的 H—H′ 剖面所示。在中源弯曲段，分流水道下切指状沙坝中部，点坝分布在指状沙坝的外凸一侧，如图 7-6 中的 G—G′剖面所示。在远源弯曲段，分流水道下切在指状沙坝的内凹一侧，导致指状沙坝的主体位于分流水道的凹岸，点坝发育程度很低甚至不发育，如图 7-6 中的 F—F′ 剖面所示。在弯曲段，坝上分流水道下切位置的顺源变化导致其两岸海拔高差的变化，在近源位置，凸岸比凹岸更高；向顺源方向，凸岸海拔相比凹岸逐渐降低；到远源位置时，凹岸比凸岸更高（图 7-8）。点坝的宽度与厚度也顺源减小，宽度从 200m 降到 0m，厚度从 1.3m 降到 0m，在指状沙坝的末端，点坝则不发育。从探地雷达上也可以看出，在近源至中源位置的分流水道凸岸一侧，波形呈斜列式，这些波形对应于点坝沉积；在靠近末端位置处，斜列式的波形不存在了，这也证明了具高弯度分流水道的指状沙坝末端点坝沉积不发育（图 7-5）。

在 BSD5 的河口坝内，可以识别出 2～5 期增生层（图 7-6）。上拱状的增生层在顶部与边滩或分流河道的侧面相接，在底部与河口坝的底部相接，增生层的倾角为 0.8°～1.6°（图 7-9a）。向盆地方向，增生层的倾角（从 GPR7 到 GPR3）略有增加；纵向上，相比下部的增生层，较上部的增生层倾角更大（例如 GPR4 中，上部为 1.5°，下部为 1.2°）（图 7-9b）。

在 BSD5 的点坝内，可以识别多期倾斜的增生层（粉砂质侧积层），这些侧积层在顶部与点坝的顶部相接（图 7-5 中的 GPR7）。侧积层的倾角介于 4°～15°，其倾角大小与下游距离和迁移距离有关（图 7-9c、d）。向盆地方向，侧积层的倾角逐渐减小，从 GPR7 到 GPR4，平均值从 9.8° 降至 5.3°，如图 7-9c 所示。此外，倾角随侧向迁移距离呈指数增加（图 7-9d）。相比于分流河道一侧，在分流间湾一侧的侧积层，横向间距要小 1/2 至 1/3（图 7-5 中的 GPR7）。

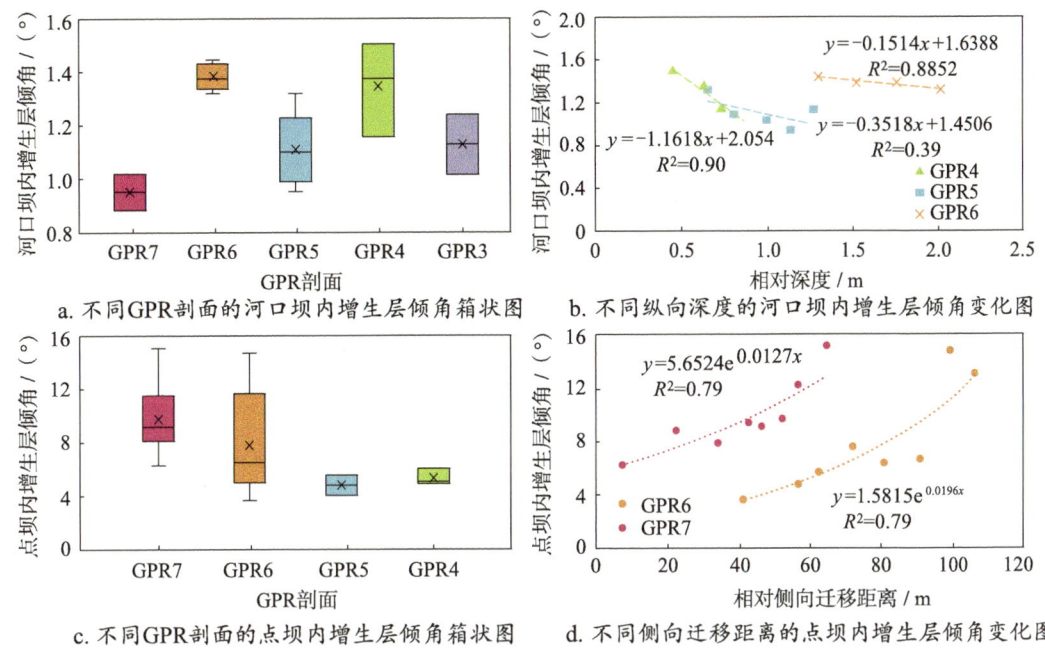

a. 不同GPR剖面的河口坝内增生层倾角箱状图

b. 不同纵向深度的河口坝内增生层倾角变化图

c. 不同GPR剖面的点坝内增生层倾角箱状图

d. 不同侧向迁移距离的点坝内增生层倾角变化图

图7-9 河口坝与点坝内部增生层的倾角变化

第二节 指状沙坝内部构型的控制因素

不同的指状沙坝甚至同一指状沙坝内，点坝宽度以及天然堤厚度差异明显，本节重点讨论指状沙坝内部点坝宽度以及天然堤厚度的控制因素。

一、点坝宽度的控制因素

点坝的宽度与供源条件、顺源位置、生长时间均有关系。

具低弯度分流水道的指状沙坝不发育点坝沉积，坝上分流水道沿着河口坝一侧延伸并发生弯曲，因此，坝上分流水道在弯曲段下切于指状沙坝的内凹一侧。具高弯度分流水道的指状沙坝是通过分流水道的侧向迁移，由具低弯度分流水道的指状沙坝转变而成，坝上分流水道的侧向迁移导致了点坝沉积的形成，并使得分流水道下切的位置由指状沙坝的内凹一侧向外凸一侧迁移。

坝上分流水道的侧向迁移过程也决定了点坝的宽度。一旦初始弯曲的坝上分流水道形成，水流的离心力就会导致分流水道发生侧向迁移，因此，侧向迁移过程与指状沙坝的延伸过程是共生的（图 7-10）。对于单一指状沙坝，越近源的位置，坝上分流水道经历的

侧向迁移时间越长，则坝上分流水道的下切位置越分布在指状沙坝的外凸一侧，点坝的宽度越大；越远源的位置，坝上分流水道经历的侧向迁移时间越短，则坝上分流水道的下切位置越靠近指状沙坝的内凹一侧，点坝的宽度越小；在末端，初始弯曲的坝上分流水道刚形成，还未发生侧向迁移，则坝上分流水道仍然下切于指状沙坝的内凹一侧，点坝不发育（图 7-10）。也有学者提出，在海岸附近的河流弯曲度的下降，这是由于近源点坝的生长使得远源沉积饥饿，影响了点坝的生长，因而影响了河流的侧向迁移（Gouw et al.，2008；Blum et al.，2013）。但是，有些具高弯度分流水道的指状沙坝延伸距离并不是很长，分流水道仅有 2～3 个河曲，如赣江南河在五星农场附近形成的指状沙坝 BSD10（图 4-1），在其末端河曲仍然不发育点坝沉积，因此，更短的生长时间可能是一个更好的解释。

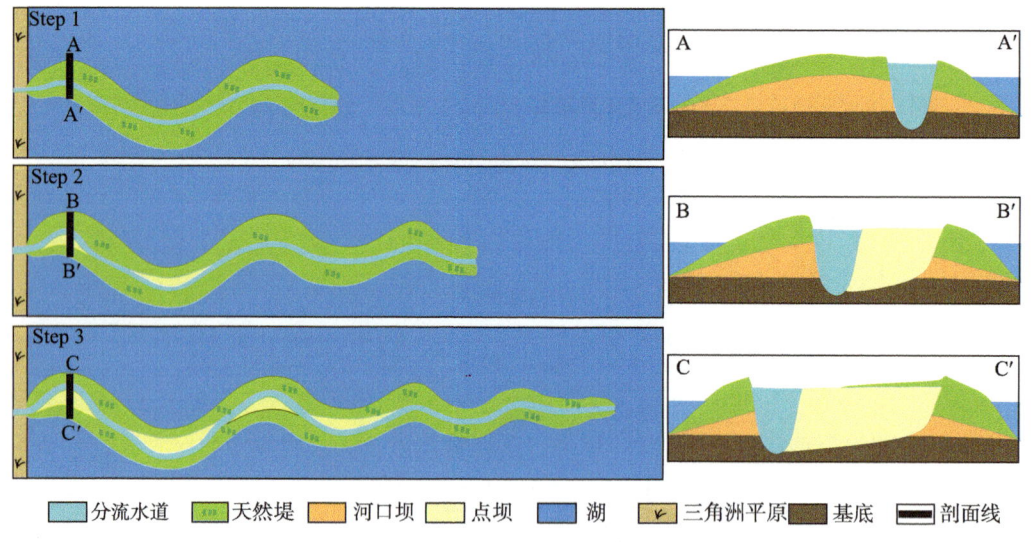

图例：■分流水道 ■天然堤 ■河口坝 □点坝 ■湖 ↙三角洲平原 ■基底 ▬剖面线

图7-10　初始分流水道的侧向迁移及点坝的形成过程

对于不同的指状沙坝，初始弯曲度越高、排量越大、砂泥比越高、沉积物黏度越低、生长时间越长，坝上分流水道侧向迁移程度越高，则点坝的宽度越大。

二、天然堤厚度的控制因素

天然堤厚度与沉积物砂泥比、生长时间有关。

砂泥比越低，则水流中悬移质搬运沉积越多，越有利于天然堤加积，在河口坝形成后会加积更厚的天然堤。在相同或相似的沉积物粒度情况下，天然堤的厚度与指状沙坝的生长时间相关，指状沙坝的生长时间越长，天然堤越厚。鄱阳湖指状沙坝内沉积的一些食品垃圾袋的生产与保质日期记录了该段沉积的大致年份（图 7-11），从这些记录可以推测鄱

阳湖内天然堤沉积速度是较快的，每年能够沉积 1cm 左右，厚层天然堤的生长时间比薄层天然堤中的更长。

图7-11 指状沙坝沉积内的食品垃圾袋

单一指状沙坝内天然堤的顺源厚度变化与生长时间有关。在近源位置，生长时间较长，天然堤较厚，向顺源方向，生长时间变短，其厚度逐渐减薄，并在指状沙坝末端不发育天然堤（图 7-7、图 7-8）。这种现象不仅在鄱阳湖中的 BSD5 与 BSD6 中可见（图 7-7、图 7-8），在其他指状沙坝中也是这样的，如 BSD10、日帽洲三角洲、章田河三角洲等（图 7-12）。

在其他地区，指状沙坝的天然堤厚度也表现出这样的分布规律，如 Clair 三角洲（图 6-2，卫星地图中绿色表示地形较高，植被发育，白色部分表示地形较低、植被不发育而沙质沉积发育）。

具高弯度分流水道的指状沙坝的天然堤较厚（图 7-8、图 7-12a、图 7-12c），而具低弯度分流水道的指状沙坝的天然堤厚度较薄（图 7-7），这是因为具高弯度分流水道的指状沙坝在河口坝形成之后经历了较长的生长时间。生长时间越长，具高弯度分流水道的指状沙坝的天然堤厚度越大。

a.章田河三角洲东侧
指状沙坝近源天然堤

b.天然堤沉积局部放大

c.章田河三角洲东侧
指状沙坝远源天然堤

d.BSD10近源天然堤

e.日帽洲三角洲近源天然堤

f.日帽洲三角洲末端沉积

图7-12　指状沙坝天然堤照片

第三节　指状沙坝沉积构型模式

　　综上所述，本论文提出了两种浅水三角洲指状沙坝的沉积构型模式（Xu et al., 2022a, 2022b），包括具低弯度分流水道的指状沙坝与具高弯度分流水道的指状沙坝（图 7-13）。

　　具低弯度分流水道的指状沙坝由河口坝、坝上分流水道、天然堤组成，不发育点坝沉积（图 7-13a）。坝上分流水道的弯曲度多小于 1.2，略低于指状沙坝的弯曲度。在顺直段，坝上分流水道下切于指状沙坝中部，在弯曲段，其下切于指状沙坝的内凹一侧。指状沙坝的宽度约为坝上分流水道的 5～10 倍。河口坝为主体沙质沉积，上覆天然堤的厚度较薄。河口坝与天然堤内部增生层期次少、厚度薄。

　　具高弯度分流水道型的指状沙坝由河口坝、坝上分流水道、点坝及天然堤组成（图 7-13b）。坝上分流水道的弯曲度多大于 1.2，高于指状沙坝的弯曲度。在顺直段，坝上分流水道下切于指状沙坝中部，在弯曲段，其下切位置顺源变化。在近源位置，坝上分流水道下切于指状沙坝的外凸一侧，河口坝主体被分流水道改造，发育宽的点坝沉积；在中源位置，坝上分流水道下切于指状沙坝中部，点坝发育于指状沙坝的内凹一侧；在远源位置，坝上分流水道下切于指状沙坝内凹一侧，发育较窄或者不发育点坝沉积。指状沙坝的宽度约为坝上分流水道的 5～10 倍，仅约为坝上分流河道沉积（包括坝上分流水道与点坝）的 2～4 倍。河口坝与点坝主体沙质沉积，上覆天然堤的厚度较厚。河口坝与天然堤内部增生层期次多、厚度大。

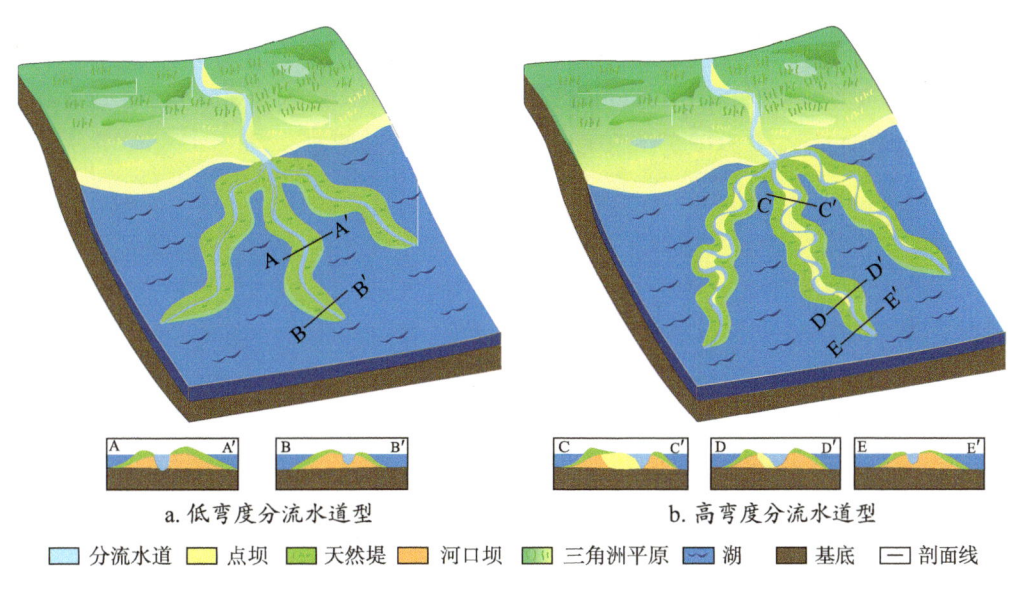

a. 低弯度分流水道型　　　　　　　　　　b. 高弯度分流水道型

■ 分流水道　■ 点坝　■ 天然堤　■ 河口坝　■ 三角洲平原　〜 湖　■ 基底　□ 剖面线

图7-13　两类指状沙坝的沉积构型模式

具低弯度与具高弯度分流水道的指状沙坝，其增生体的构型模式差异主要体现在以下几个方面：

（1）河口坝内增生层。与具低弯度分流水道的指状沙坝相比，具高弯度分流水道型的指状沙坝中，增生层的倾角更大。在具低弯度分流水道的指状沙坝中，增生层的倾角在分流河道外弯相比内弯处更大；在具高弯度分流水道的指状沙坝中，增生层的倾角在分流河道两侧相似。

（2）点坝中的侧积层。点坝是具高弯度分流水道的指状沙坝中特有的，发育了多期倾斜的粉砂质侧积层。侧积层的倾角较大，向下游逐渐减小，并随着侧向迁移距离的增加呈指数增长。侧积层的横向间距在分流河道侧较小，而在河口坝侧较大。

（3）天然堤中的增生层。与具低弯度分流水道的指状沙坝相比，具高弯度分流水道的指状沙坝中的天然堤厚度更大，发育更多期次的增生层。

Fisk（1954）以现代密西西比河三角洲为典型的较深水三角洲指状沙坝的构型特征进行过深入的研究，建立了较深水三角洲指状沙坝的构型模式（图1-3）。那么，浅水三角洲与较深水三角洲指状沙坝的差异性主要体现在以下几个方面：

（1）弯曲度：浅水三角洲指状沙坝及坝上分流水道是弯曲的，弯曲度均大于1.10，具高弯度分流水道的指状沙坝内的坝上分流水道的弯曲度则大于1.20；较深水三角洲指状沙

坝及坝上分流水道的弯曲度小于 1.10。

（2）砂体厚度：浅水三角洲指状沙坝河口坝厚度较小，天然堤厚度可与河口坝相近（尤其在具高弯度分流水道的指状沙坝内）；较深水三角洲指状沙坝内河口坝厚度很大，远大于天然堤厚度。

（3）河口坝形态：浅水三角洲指状沙坝内河口坝垂向上呈底平顶凸形态，较深水三角洲指状沙坝内河口坝受差异压实作用明显，垂向上呈双凸形态。

参 考 文 献

蔡晓斌，陈晓玲，王学雷，等，2011.鄱阳湖水位空间差异及其对湿地水文分析的影响［J］.华中师范大学学报（自然科学版），45(1)：139-144.

操应长，韩敏，王艳忠，等，2010.济阳坳陷车镇凹陷沙二段浅水三角洲沉积特征及模式［J］.石油与天然气地质，31(5)：576-582+601.

陈斌，邹年华，周苏芬，2018.外洲流量对赣江尾闾多级分汊河道分流比影响的试验研究［J］.江西水利科技，44(1)：33-35.

陈炳贵，2016.应用模糊数学方法对鄱阳湖地区构造稳定性进行评价［J］.地球物理学进展，31(4)：1550-1556.

陈诚，朱怡翔，石军辉，等，2016.断陷湖盆浅水三角洲的形成过程与发育模式：以苏丹Muglad 盆地 Fula 凹陷 Jake 地区 AG 组为例［J］.石油学报，37(12)：1508-1517.

陈贺贺，朱筱敏，施瑞生，等，2023.断陷盆地缓坡带物源转换与沉积响应：以渤海湾盆地饶阳凹陷蠡县斜坡古近系源—汇系统为例［J］.石油与天然气地质，44(3)：689-706.

段冬平，侯加根，刘钰铭，等，2014.河控三角洲前缘沉积体系定量研究：以鄱阳湖三角洲为例［J］.沉积学报，32(2)：270-277.

邓平，舒良树，杨明桂，等，2003.赣江断裂带地质特征及其动力学演化［J］.地质论评，49(2)：113-122.

房亚男，吴朝东，王熠哲，等，2016.准噶尔盆地南缘中—下侏罗统浅水三角洲类型及其构造和气候指示意义［J］.中国科学（技术科学），46(7)：737-756.

冯炼，2016.大型通江湖泊水沙时空动态遥感研究：以鄱阳湖为例［M］.武汉：武汉大学出版社，1-10.

冯文杰，吴胜和，张可，等，2017.曲流河浅水三角洲沉积过程与沉积模式探讨：沉积过程数值模拟与现代沉积分析的启示［J］.地质学报，91(9)：2047-2064.

付晶，吴胜和，王哲，等，2015.湖盆浅水三角洲分流水道储层构型模式：以鄂尔多斯盆

地东缘延长组野外露头为例［J］. 中南大学学报（自然科学版），46(11): 4174-4182.

龚绍礼，1986. 河南禹县早二叠世晚期浅水三角洲沉积和聚煤环境［J］. 煤田地质与勘探，(6): 2-9.

郭英海，刘焕杰，李壮福，等，1995. 晋中北山西组浅水三角洲沉积特征及聚煤作用［J］. 中国矿业大学学报（1）: 64-70.

郭远明，胡锦武，2005. 鄱阳湖无序采砂搅乱生态［N］. 经理日报.

韩晓东，楼章华，姚炎明，等，2000. 松辽盆地湖泊浅水三角洲沉积动力学研究［J］. 矿物学报，20(3): 305-313.

贺婷婷，李胜利，高兴军，等，2014. 浅水湖泊三角洲平原分流水道类型与叠置模式［J］. 古地理学报，16(5): 597-604.

黄第藩，杨世倬，刘中庆，等，1965. 长江下游三大淡水湖的湖泊地质及其形成与发展［J］. 海洋与湖沼，7(4): 396-426.

霍雨，2011. 鄱阳湖形态特征及其对流域水沙变化响应研究［D］. 南京：南京大学，1-57.

金振奎，李燕，高白水，等，2014a. 现代缓坡三角洲沉积模式：以鄱阳湖赣江三角洲为例［J］. 沉积学报，32(4): 710-723.

金振奎，杨有星，尚建林，等，2014b. 辫状河砂体构型及定量参数研究：以阜康、柳林和延安地区辫状河露头为例［J］. 天然气地球科学，25(3): 311-317.

李洁，陈洪德，林良彪，等，2011. 鄂尔多斯盆地西北部盒 8 段浅水三角洲砂体成因及分布模式［J］. 成都理工大学学报（自然科学版），38(2): 132-139.

李强强，王喜鑫，许月明，等，2024. 湖平面变化对浅水三角洲前缘砂体构型的控制：来自数字露头的启示［J/OL］. 沉积学报，1-17.［2024-05-23］. https://doi.org/10.14027/j.issn.1000-0550. 2024.055.

李元昊，刘池洋，独育国，等，2009. 鄂尔多斯盆地西北部上三叠统延长组长 8 油层组浅水三角洲沉积特征及湖岸线控砂［J］. 古地理学报，11(3): 265-274.

李微，李昌彦，吴敦银，等，2015. 1956~2011 年鄱阳湖水沙特征及其变化规律分析［J］. 长江流域资源与环境，24(5): 832-838.

李燕，金振奎，高白水，等，2016. 分流水道内砂体沉积特征及定量参数：以鄱阳湖赣江三角洲为例［J］. 地球科学与环境学报，38(2): 206-216.

李英，涂安国，胡根华，等，2012. 鄱阳湖流域降水量变化对水沙演变影响研究［J］. 中国水土保持（4）: 25-28.

李增学，魏久传，李守春，1995. 鲁西河控浅水三角洲沉积体系及煤聚集规律［J］. 煤田地质与勘探，23(2): 7-13.

梁兴, 叶舟, 吴根耀, 等, 2006. 鄱阳盆地构造—沉积特征及其演化史 [J]. 地质科学, 41(3): 404-429.

林承焰, 姜在兴, 董春梅, 周丽清, 1993. 黄河三角洲沉积环境和沉积模式 [J]. 石油大学学报 (自然科学版), 17(3): 5-11.

刘健, 张奇, 许崇育, 等, 2009. 近 50 年鄱阳湖流域径流变化特征研究 [J]. 热带地理, 29(3): 213-218.

刘恋, 曾繁翔, 付志强, 等, 2016. 鄱阳湖星子站水位 62 年变化规律分析 [J]. 人民长江, 47(3): 30-32.

刘柳红, 朱如凯, 罗平, 等, 2009. 川中地区须五段—须六段浅水三角洲沉积特征与模式 [J]. 现代地质, 23(4): 667-675.

刘志刚, 倪兆奎, 2015. 鄱阳湖发展演变及江湖关系变化影响 [J]. 环境科学学报, 35(5): 1265-1273.

楼章华, 兰翔, 卢庆梅, 等, 1999. 地形、气候与湖面波动对浅水三角洲沉积环境的控制作用: 以松辽盆地北部东区葡萄花油层为例 [J]. 地质学报, 73(1): 83-92.

吕晓光, 李长山, 蔡希源, 等, 1999. 松辽大型浅水湖盆三角洲沉积特征及前缘相储层结构模型 [J]. 沉积学报, 17(4): 75-80.

马福康, 徐振华, 吴胜和, 等, 2024. 季节性湖平面变化下浅水三角洲指状砂坝沉积特征 [J/OL]. 沉积学报, 1-23. [2024-08-28]. https://doi.org/10.14027/j.issn.1000-0550.2024.091.

马振兴, 黄俊华, 魏源, 等, 2004. 鄱阳湖沉积物近 8ka 来有机质碳同位素记录及其古气候变化特征 [J]. 地球化学, 33(3): 279-285.

闵骞, 汪泽培, 1994. 鄱阳湖近 600 年洪水规律的分析 [J]. 湖泊科学, 6(4): 375-383.

闵骞, 1995. 鄱阳湖水位变化规律的研究 [J]. 湖泊科学, 7(3): 281-288.

闵骞, 刘影, 马定国, 2006. 退田还湖对鄱阳湖洪水调控能力的影响 [J]. 长江流域资源与环境, 15(5): 574-578.

闵骞, 占腊生, 2012. 1952-2011 年鄱阳湖枯水变化分析 [J]. 湖泊科学, 24(5): 675-678.

闵骞, 占腊生, 2013. 鄱阳湖不同部位水位关系变化分析 [J]. 人民长江, 44(S1): 5-10.

欧阳千林, 刘卫林, 2014. 近 50 年鄱阳湖水位变化特征研究 [J]. 长江流域资源与环境, 23(11): 1545-1550.

彭红霞, 石超艺, 魏源, 等, 2003. 5kaB.P. 鄱阳湖地区古气候演化的有机碳稳定同位素记录 [J]. 华中师范大学学报 (自然科学版), 37(1): 123-125.

《鄱阳湖研究》编委会, 1988. 鄱阳湖研究 [M]. 上海: 上海科学技术出版社.

齐述华，熊梦雅，廖富强，等，2016. 人类活动对鄱阳湖泥沙收支平衡的影响［J］. 地理科学（6）：888-894.

任纪舜，1990. 论中国南部的大地构造［J］. 地质学报（4）：275-288.

司学强，张金亮，2008. 西峰油田长 8 油组沉积相与油气分布规律［J］. 西南石油大学学报（自然科学版），30(6)：67-71+208.

孙鹏，张强，陈晓宏，等，2010. 鄱阳湖流域水沙时空演变特征及其机理［J］. 地理学报，65(7)：828-840.

孙雨，马世忠，姜洪福，等，2010. 松辽盆地三肇凹陷葡萄花油层河控浅水三角洲沉积模式［J］. 地质学报，84(10)：1502-1509.

谭其骧，张修桂，1982. 鄱阳湖演变的历史过程［J］. 复旦学报（社会科学版）（2）：42-51.

唐国华，2017. 鄱阳湖湿地演变、保护及管理研究［D］. 南昌：南昌大学，70-250.

王建功，王天琦，卫平生，等，2007. 大型坳陷湖盆浅水三角洲沉积模式：以松辽盆地北部葡萄花油层为例［J］. 岩性油气藏，19(2)：28-34.

王俊辉，张伟，李莉，等，2024. 平衡指数解释深水、浅水三角洲地貌的差异［J/OL］. 沉积学报，1-23.［2025-02-15］. https：//doi.org/10.14027/j.issn. 1000-0550. 2024. 087.

王立武，2012. 坳陷湖盆浅水三角洲的沉积特征：以松辽盆地南部姚一段为例［J］. 沉积学报，30(6)：1053-1060.

王涛，邓西里，吴胜和，等，2019. 小层尺度储层质量对致密砂岩油分布的影响：以华庆地区延长组长 $\frac{1}{8}$ 油藏为例［J］. 西北大学学报（自然科学版），49(3)：395-405.

汪泽培，徐火生，1989. 鄱阳湖气候特性［J］. 海洋湖沼通报（3）：17-23.

吴富江，毛素斌，钟千方，等，2016. 江西新构造运动的基本特征与地震分布规律［J］. 华东地质，37(2)：97-105.

吴桂平，刘元波，范兴旺，2015. 近 30 年来鄱阳湖湖盆地形演变特征与原因探析［J］. 湖泊科学，27(6)：1168-1176.

吴胜和，纪友亮，岳大力，等，2013. 碎屑沉积地质体构型分级方案探讨［J］. 高校地质学报，19(1)：12-22.

吴胜和，徐振华，刘钊，2019. 河控浅水三角洲沉积构型［J］. 古地理学报，21(2)：202-215.

吴艳宏，羊向东，朱海虹，1997. 鄱阳湖湖口地区 4500 年来孢粉组合及古气候变迁［J］. 湖泊科学，9(1)：29-34.

席海燕，王圣瑞，郑丙辉，等，2014. 流域人类活动对鄱阳湖生态安全演变的驱动［J］. 环境科学研究，27(4)：398-405.

席胜利，李文厚，刘新社，等，2009. 鄂尔多斯盆地神木地区下二叠统太原组浅水三角洲沉积特征［J］. 古地理学报，11(2)：187-194.

项亮，1999. 鄱阳湖历史时期水面扩张和人类活动的环境指标判识［J］. 湖泊科学，11(4)：289-295.

谢爽慧，朱筱敏，叶蕾，等，2024. 湖盆浅水三角洲河道砂体定量表征与控制因素探究及霸县凹陷实例［J］. 古地理学报 (6) 1-23.

徐火生，喻致亮，1988. 鄱阳湖水位特性分析［J］. 江西水利科技，58(4)：46-54.

徐火生，汪泽培，1989a. 鄱阳湖水温时空变化规律分析［J］. 水文，1989(6)：28-32.

徐火生，欧阳幸福，1989b. 鄱阳湖的水温［J］. 海洋与湖沼，20(4)：343-353.

徐振华，吴胜和，刘钊，等，2019. 浅水三角洲前缘指状砂坝构型特征：以渤海湾盆地渤海 BZ25 油田新近系明化镇组下段为例［J］. 石油勘探与开发，46(2)：322-333.

徐振华，邓航，吴胜和，等，2024. 河控浅水三角洲前缘树枝状沙坝沉积构型与形成机理［J］. 古地理学报，26(6)：1338-1351.

薛良清，Galloway W E，1991. 扇三角洲、辫状河三角洲与三角洲体系的分类［J］. 地质学报，65(2)：141-153.

薛庆远，1995. 山东滕南矿区山西组浅水三角洲的沉积构成和聚煤特征［J］. 中国矿业大学学报，24(2)：43-51.

杨达源，1986. 鄱阳湖在第四纪的演变［J］. 海洋与湖沼，17(5)：429-435.

杨晓东，吴中海，张海军，2016. 鄱阳湖盆地的地质演化、新构造运动及其成因机制探讨［J］. 地质力学学报，22(3)：667-684.

姚光庆，马正，赵彦超，等，1995. 浅水三角洲分流水道砂体储层特征［J］. 石油学报，16(1)：24-31.

叶崇开，张怀真，王秀玉，等，1991. 鄱阳湖近期沉积速率的研究［J］. 海洋与湖沼，22(3)：272-278.

叶慕亚，2006. 鄱阳湖典型湿地生态环境脆弱性评价［D］. 南昌：江西师范大学，2-50.

殷剑敏，王怀清，占明锦，等，2011. 过去 50 年鄱阳湖流域气候变化规律分析［M］. 南京：东南大学出版社.

尹太举，张昌民，朱永进，等，2014. 叠覆式三角洲：一种特殊的浅水三角洲［J］. 地质学报，88(2)：263-272.

尹宗贤，张俊才，1987. 鄱阳湖水文特征［J］. 海洋与湖沼，18(1)：22-27.

于兴河，李胜利，李顺利，2013. 三角洲沉积的结构：成因分类与编图方法［J］. 沉积学报，31(5)：782-797.

远立国，刘玉河，乔光建，2011．滦河口入海沙量锐减对湿地生态环境影响［J］．南水北调与水利科技，9(4)：109-112+116．

曾灿，尹太举，宋亚开，2017．湖平面升降对浅水三角洲影响的沉积数值模拟实验［J］．地球科学，42(11)：2095-2104．

曾洪流，赵贤正，朱筱敏，等，2015．隐性前积浅水曲流河三角洲地震沉积学特征：以渤海湾盆地冀中坳陷饶阳凹陷肃宁地区为例［J］．石油勘探与开发，42(5)：566-576．

张昌民，尹太举，朱永进，等，2010．浅水三角洲沉积模式［J］．沉积学报，28(5)：933-944．

张春生，陈庆松，1996．全新世鄱阳湖沉积环境及沉积特征［J］．江汉石油学院学报，18(1)：24-29．

张建民，王梦琪，王月杰，等，2017．渤海湾盆地渤中28-2南油田群鸟足状浅水三角洲识别与沉积演化［J］．中国海洋大学学报（自然科学版），47(9)：77-85．

张莉，鲍志东，林艳波，等，2017．浅水三角洲砂体类型及沉积模式：以松辽盆地南部乾安地区白垩系姚家组一段为例［J］．石油勘探与开发，44(5)：727-736．

章茹，孔萍，蒋元勇，等，2014．近50年鄱阳湖流域降水时空特征及其对水文过程的驱动［J］．南昌大学学报（理科版），38(3)：268-272．

张新涛，周心怀，李建平，等，2014．敞流沉积环境中"浅水三角洲前缘砂体体系"研究［J］．沉积学报，32(2)：260-269．

赵翰卿，1987．松江盆地大型叶状三角洲沉积模式［J］．大庆石油地质与开发，6(4)：1-10．

赵俊峰，屈红军，林晋炎，等，2014．湖泊三角洲沉积露头精细解剖：以鄂尔多斯盆地裴庄剖面为例［J］．沉积学报，32(6)：1026-1034．

周刚，郑丙辉，雷坤，等，2012．赣江下游水动力数值模拟研究［J］．水力发电学报，31(6)：102-108．

周松源，张介辉，徐克定，等，2005．从南昌凹陷构造演化分析赣江断裂带运动学特征［J］．地质力学学报，11(3)：266-272．

朱海虹，郑长苏，王云飞，等，1981．鄱阳湖现代三角洲沉积相研究［J］．石油与天然气地质，2(2)：89-103．

朱永进，尹太举，沈安江，等，2015．鄂尔多斯盆地上古生界浅水砂体沉积模拟实验研究［J］．天然气地球科学，26(5)：833-844．

朱筱敏，刘媛，方庆，等，2012．大型坳陷湖盆浅水三角洲形成条件和沉积模式：以松辽盆地三肇凹陷扶余油层为例［J］．地学前缘，19(1)：89-99．

朱筱敏，潘荣，赵东娜，等，2013．湖盆浅水三角洲形成发育与实例分析［J］．中国石油大学学报（自然科学版），37(5)：7-14．

朱筱敏，叶蕾，谢爽慧，等，2023. 低可容空间陆相湖盆富砂浅水三角洲沉积模式及实例分析 [J]. 古地理学报，25（5）：959-975.

邹才能，赵文智，张兴阳，等，2008. 大型敞流坳陷湖盆浅水三角洲与湖盆中心砂体的形成与分布 [J]. 地质学报，82（6）：813-825.

AVERY S T, TEBBS E J, 2018. Lake Turkana, major Omo River developments, associated hydrological cycle change and consequent lake physical and ecological change [J]. Journal of Great Lakes Research, 44（6）：1164-1182.

BAGNOLD R A, 1966. An approach to the sediment transport problem from general physics [C]. USGS professional paper, Washington, D.C：U.S. Government Printing Office, 422-I.

BARRELL J, 1912. Criteria for the recognition of ancient delta deposits [J]. Geological Society of America Bulletin, 23（1）：377-446.

BATES C C, 1953. Rational theory of delta formation [J]. AAPG Bulletin, 37（9）：2119-2162.

BERNARD H A, 1965. A Resume of River Delta Types [J]. AAPG Bulletin, 49（10）：1645-1656.

BLONDEAUX P, SEMINARA G, 1985. A unified bar-bend theory of river meanders [J]. Journal of Fluid Mechanics, 157：449-470.

BLUM M, MARTIN J, MILLIKEN K, 2013. Paleovalley systems：Insights from Quaternary analogs and experiments [J]. Earth Science Review, 116：128-169.

BONHAM-CARTER G F, SUTHERLAND A J, 1967. Diffusion and settling of sediments at river mouths：A computer simulation model [J]. Transactions Gulf Coast Association of Geological Societies, 17：326-338.

BRICE J C, BLODGETT J C, 1978. Countermeasures for hydraulic problems at bridges [J]. Federal Highway Administration Report, 1:78-162+169.

BURPEE A P, SLINGERLAND R L, EDMONDS D A, et al., 2015. Grain-size controls on the morphology and internal geometry of river-dominated deltas [J]. Journal of Sedimentary Research, 85（6）：699-714.

CALDWELL R L, EDMONDS D A, 2014. The effects of sediment properties on deltaic processes and morphologies：A numerical modeling study [J]. Journal of Geophysical Research：Earth Surface, 119（5）：961-982.

CALDWELL R L, EDMONDS D A, BAUMGARDNER S, et al., 2019. A global delta

dataset and the environmental variables that predict delta formation on marine coastlines [J].
Earth Surface Dynamics, 7(3): 773-787.

CANESTRELLI A, NARDIN W, EDMONDS D, et al., 2014. Importance of frictional
effects and jet instability on the morphodynamics of river mouth bars and levees [J]. Journal
of Geophysical Research Oceans, 119(1): 509-522.

CHALOV S, THORSLUND J, KASIMOV N, et al., 2017. The Selenga River delta: a
geochemical barrier protecting Lake Baikal waters [J]. Regional Environmental Change,
17(7): 2039-2053.

CHATANANTAVET P, LAMB M P, NITTROUER J A, 2012. Backwater controls on
avulsion location on deltas [J]. Geophysical Research Letter, 39: L01402.

CHURCH M, JONES D, 1982. Channel bars in gravel-bed rivers [C]. In Gravel Bed
Rivers, Hey RD, Bathurst JC, Thorne CR(eds). Wiley, Chichester, 291-338.

DIETRICH W E, SMITH J D, DUNNE T, 1979. Flow and sediment transport in a sand-
bedded meander [J]. Journal of Geology, 87: 305-315.

DONALDSON A C, 1966. Deltaic Sands and Sandstones [C]. 20th Annual Conference:
31-62.

DONALDSON A C, 1969. Ancient deltaic sedimentation (Pennsylvanian) and its control
on the distribution, thickness, and quality of coals [C]. Some Appalachian Coals and
Carbonates: Models of Ancient Shallow-Water Deposits, Geological Society of America
Guidebook of Field Trips, Atlantic City, NJ Meeting: 93-121.

DONALDSON A C, 1974. Pennsylvanian Sedimentation of Central Appalachians [J].
Geological Society of America Special Papers, 148(Special Paper): 47-48.

DRACOS T, GIGER M, JIRKA G H, 1992. Plane turbulent jets in a bounded fluid layer
[J]. Journal of Fluid Mechanics, 241: 587-614.

DROSOU A, DIMITRIADIS P, LYKOU A, et al., 2015. Assessing and optimising flood
control options along the Arachthos river floodplain (Epirus, Greece) [C]. In EGU
General Assembly Conference Abstracts, 17.

DUMARS A J, 2002. Distributary mouth bar formation and channel bifurcation in the Wax
Lake Delta, Atchafalaya Bay, Louisiana [D]. Louisiana State University: Baton Rouge, 88.

EDMONDS D A, SLINGERLAND R L, 2007. Mechanics of river mouth bar formation:
Implications for the morphodynamics of delta distributary networks [J]. Journal of
Geophysical Research: Earth Surface, 112: F02034F2.

EDMONDS D A, SLINGERLAND R L, 2008. Stability of delta distributary networks and their bifurcations [J]. Water Resources Research, 44(9): 303-312.

EDMONDS D A, HOYAL D C, SHEETS B A, et al., 2009. Predicting delta avulsions: Implications for coastal wetland restoration [J]. Geology, 37(8): 759-762.

EDMONDS D A, SLINGERLAND R L, 2010a. Significant effect of sediment cohesion on delta morphology [J]. Nature Geoscience, 3(2): 105-109.

EDMONDS D A, SLINGERLAND R L, BEST J, et al., 2010b. Response of river-dominated delta channel networks to permanent changes in river discharge [J]. Geophysical Research Letters, 37(12): L12404.

EDMONDS D A, SHAW J B, MOHRIG D, 2011. Topset-dominated deltas: A new model for river delta stratigraphy [J]. Geology, 39(12): 1175-1178.

ELMILADY H, VAN DER WEGEN M, ROELVINK D, et al., 2022. Modeling the morphodynamic response of estuarine intertidal shoals to sea-level rise [J]. Journal of Geophysical Research: Earth Surface, 127, e2021JF006152.

ESPOSITO C R, GEORGIOU I Y, KOLKER A S, 2013. Hydrodynamic and geomorphic controls on mouth bar evolution [J]. Geophysical Research Letters, 40(8): 1540-1545.

FADLILLAH L N, WIDYASTUTI M, TANITA G, et al., 2019. Hydrological characteristics of estuary in Wulan delta in Demak regency, Indonesia [J]. Water Resource, 46(6): 832-843.

FAGHERAZZI S, EDMONDS D A, NARDIN W, et al., 2015. Dynamics of river mouth deposits [J]. Reviews of Geophysics, 53: 642-672.

FALCINI F, JEROLMACK D J, 2010. A potential vorticity theory for the formation of elongate channels in river deltas and lakes [J]. Journal of Geophysical Research: Earth Surface, 115: F04038.

FALCINI F, PILIOURAS A, GARRA R, et al., 2014. Hydrodynamic and suspended sediment transport controls on river mouth morphology [J]. Journal of Geophysical Research: Earth Surface, 119(1): 1-11.

FISHER W L, BROWN L F, SCOTT A J, et al., 1969. Delta systems in the exploration for oil and gas [D]. University of Texas at Austin Bureau of Economic Geology, 78.

FISK H N, MCFARLAN E, KOLB R, 1954. Sedimentary framework of the Modern Mississippi Delta [J]. Journal of Sedimentary Petrology, 24(2): 76-99.

FISK H N, 1955. Sand facies of recent Mississippi Delta deposits [C]. 4th World Petroleum

Congresses, Rome, Italy: 377-398.

FISK H N, 1961. Bar-finger sands of Mississippi delta [C] //PETERSON J A, OSMOND J C. Geometry of Sandstone Bodies American Association of Petroleum Geologists, Tulsa, Oklahoma: 29-52.

GALLOWAY W E, 1975. Process Framework for Describing the Morphologic and Stratigraphic Evolution of Deltaic Depositional Systems [M]. Houston Geological Society, 87-98.

GANTI V, CHU Z, LAMB M P, et al., 2014. Testing morphodynamic controls on the location and frequency of river avulsions on fans versus deltas: Huanghe (Yellow River), China [J]. Geophysical Research Letter, 41(22): 7882-7890.

GARCÍA-GARCÍA F, FERNÁNDEZ J, VISERAS C, et al., 2006. Architecture and sedimentary facies evolution in a delta stack controlled by fault growth (Betic Cordillera, southern Spain, late Tortonian) [J]. Sedimentary Geology, 185(1-2): 79-92.

GELEYNSE N, STORMS J E A, WALSTRA D R, et al., 2011. Controls on river delta formation; insights from numerical modelling [J]. Earth and Planetary Science Letters, 302 (1-2): 217-226.

GHINASSI M, BILLI P, LIBSEKAL Y, et al., 2013. Inferring fluvial morphodynamics and overbank flow control from 3D outcrop sections of a Pleistocene point bar, Dandiero Basin, Eritrea [J]. Journal of Sedimentary Research, 83(12): 1066-1084.

GHINASSI M, IELPI A, 2015. Stratal architecture and morphodynamics of downstream-migrating fluvial point bars (Jurassic Scalby Formation, UK) [J]. Journal of Sedimentary Research, 85(9): 1123-1137.

GHINASSI M, IELPI A, ALDINUCCI M, et al., 2016. Downstream-migrating fluvial point bars in the rock record [J]. Sedimentary Geology, 334: 66-96.

GIGER M, DRACOS T, JIRKA G H, 1991. Entrainment and mixing in plane turbulent jets in shallow water [J]. Journal of Hydraulic Research, 29(5): 615-642.

GILBERT G K, 1885. The topographic features of lake shores [M]. America: U. S. Government Printing Office, 95-100.

GOUW M J P, AUTIN W J, 2008. Alluvial architecture of the Holocene Lower Mississippi Valley (U. S. A.) and a comparison with the Rhine-Meuse Delta (the Netherlands) [J]. Sedimentary Geology, 204(3-4): 106-121.

HARIHARAN J, PASSALACQUA P, XU Z, et al., 2022. Modeling the dynamic response of river deltas to sea-level rise acceleration [J]. Journal of Geophysical Research : Earth Surface, 127 : e2022JF006762.

HOYAL D, SHEETS B A, 2009. Morphodynamic evolution of experimental cohesive deltas [J]. Journal of Geophysical Research : Earth Surface, 114 : F02009.

IKEDA S, 1981. Self-formed straight channels in sandy beds [J]. Journal of the Hydraulics Division, American Society of Civil Engineers, 107 : 389-406.

IKEDA S, 1982. Lateral bed load transport on side slopes [J]. Journal of the Hydraulics Division, 108(11): 1369-1373.

IKEDA H, 1989. Sedimentary controls on channel migration and origin of point bars in sand-bedded meandering rivers [J]. River Meandering, 12 : 51-68.

JIN Z, GAO B, WANG J, et al., 2017. Two new types of sandbars in channels of the modern Ganjiang Delta, Poyang Lake, China : Depositional characteristics and origin [J]. Journal of Palaeogeography, 6(2): 132-143.

JOHANNESSON H, PARKER G, 1989. Linear theory of river meanders [C] //Ikeda S, Parker G. River Meandering. AGU. Water Resources Monograph, 12 : 181-213.

JOPLING A V, 1966. Some applications of theory and experiment to the study of bedding genesis [J]. Sedimentology, 7 : 71-102.

KLEINHANS M G, 2010. Sorting out river channel patterns [J]. Progress in Physical Geography, 34(3): 287-326.

KOSTIANOI A, KOSAREV A, 2005. The Caspian Sea Environment [C]. Springer-Verlag, Berlin, Heidelberg, New York, 271.

KUMARI V R, RAO I M, 2009. Estuarine characteristics of lower Krishna river [J]. Indian Journal of Marine Sciences, 38(2): 215-223.

LANE R R, DAY J W, MARX B D, et al., 2007. The effects of riverine discharge on temperature, salinity, suspended sediment and chlorophyll a in a Mississippi delta estuary measured using a flow-through system [J]. Estuarine Coastal & Shelf Science, 74(1-2): 145-154.

LAZARUS E D, CONSTANTINE J A, 2013. Generic theory for channel sinuosity [J]. Proceedings of the National Academy of Sciences, 110(21): 8447-8452.

LEOPOLD L B, LANGBEIN W B, 1966. River meanders [J]. Scientific American, 71 : 769-793.

LI G, WEI H, HAN Y, et al., 1998. Sedimentation in the Yellow River delta, Part I :

Flow and suspended sediment structure in the upper distributary and the estuary [J]. Marine Geology, 149(1): 93-111.

LUCHI R, ZOLEZZI G, TUBINO M, 2011. Bend theory of river meanders with spatial width variations [J]. Journal of Fluid Mechanics, 681: 311-339.

MARCIANO R, WANG Z, HIBMA A, et al., 2005. Modeling of channel patterns in short tidal basins [J]. Journal of Geophysical Research, 110: F01001.

MARFAI M A, TYAS D W, NUGRAHA I, 2016. The Morphodynamics of Wulan Delta and Its Impacts on the Coastal Community in Wedung Subdistrict, Demak Regency, Indonesia [J]. Journal of Environment Protection, 7(1): 60-71.

MATSOUKIS C, AMOUDRY L O, BRICHENO L, et al., 2023. Numerical investigation of river discharge and tidal variation impact on salinity intrusion in a generic river delta through idealized modelling [J]. Estuaries and Coasts, 46(1): 57-83.

MCPHERSON J G, SHANMUGAM G, MOIOLA R J, 1987. Fan-delta and braid deltas: Varieties of coarse-grained deltas [J]. Geological society of America Bulletin, 99(3): 331-340.

MILLIMAN J D, FARNSWORTH K L, 2013. River discharge to the coastal ocean: a global synthesis [M]. England: Cambridge University Press, 200-500.

MORTON R A, DONALDSON A C, 1978. Hydrology, morphology, and sedimentology of the Guadalupe fluvial-deltaic system [J]. GSA Bulletin, 89(7): 1030-1036.

NARDIN W, EDMONDS D A, 2014. Optimum vegetation height and density for inorganic sedimentation in deltaic marshes [J]. Nature Geoscience, 7(10): 722-726.

NARDIN W, EDMONDS D A, FAGHERAZZI S, 2016. Influence of vegetation on spatial patterns of sediment deposition in deltaic islands during flood [J]. Advances in Water Resources, 93: 236-248.

NIENHUIS J H, ASHTON A D, EDMONDS D A, et al., 2020. Global-scale human impact on delta morphology has led to net land area gain [J]. Nature, 577(7791): 514-518.

OLARIU C, BHATAACHARYA J P, 2006. Terminal distributary channels and delta front architecture of river-dominated delta systems [J]. Journal of Sedimentary Research, 76: 212-233.

OLARIU C, BHATTACHARYA J P, LEYBOURNE M I, et al., 2012. Interplay between river discharge and topography of the basin floor in a hyperpycnal lacustrine delta [J]. Sedimentology, 59(2): 704-728.

OLARIU C, 2014. Autogenic process change in modern deltas : lessons for the ancient [C]. International Association of Sedimentologists Special Publication, 46 : 149-166.

ORTON G J, READING H G, 1993. Variability of deltaic processes in terms of sediment supply, with particular emphasis on grain size [J]. Sedimentology, 40(3): 475-512.

PARKER G, SAWAI K, IKEDA S, 1982. Bend theory of river meanders. Part 2. Nonlinear deformation of finite-amplitude bends [J]. Journal of Fluid Mechanics, 115 : 303-314.

PAOLA C, TWILLEY R R, EDMONDS D A, et al., 2011. Natural processes in delta restoration : Application to the Mississippi Delta [J]. Annual Review of Marine Science, 3 (1): 67-91.

PILIOURAS A, KIM W, CARLSON B, 2017. Balancing Aggradation and Progradation on a Vegetated Delta : The Importance of Fluctuating Discharge in Depositional Systems [J]. Journal of Geophysical Research, 122(10): 1882-1900.

PROPASTIN P, 2012. Problems of water resources management in the drainage basin of Lake Balkhash with respect to political development [J]. In Climate change and the sustainable use of water resources Springer, Berlin, Heidelberg, 449-461.

POSTMA G, 1990. An analysis of the variation in delta architecture [J]. Terra Nova, 2(2): 124-130.

POULOS S, COLLINS M B, KE X, 1993. Fluvial/wave interaction controls on delta formation for ephemeral rivers discharging into microtidal waters [J]. Geo-Marine Letter, 13 : 24-31.

RAO P S, RAO G K, RAO N V N D, 1990. Sedimentation and sea-level variations in Nizampatnam Bay, East-Coast of India [J]. Indian Journal of Marine Sciences, 19 : 261-264.

RHOADS B L, WELFORD M R, 1991. Initiation of river meandering [J]. Progress in Physical Geography, 15(2): 127-156.

ROSEN T, XU Y, 2013. Recent decadal growth of the Atchafalaya River Delta complex : Effects of variable riverine sediment input and vegetation succession [J]. Geomorphology, 194 : 108-120.

ROWLAND J C, DIETRICH W E, DAY G, et al., 2009. Formation and maintenance of single - thread tie channels entering floodplain lakes : Observations from three diverse river systems [J]. Journal of Geophysical Research, 114 : F02013.

RUST B R, 1978. Depositional models for braided alluvium [J]. Fluvial Sedimentology,

5：605-625.

SCHUURMAN F, MARRA W A, KLEINHANS M G, 2013. Physics-based modeling of large braided sand-bed rivers：bar pattern formation, dynamics, and sensitivity [J]. Journal of Geophysical Research：Earth Surface, 118：2509-2527.

SCHUURMAN F, SHIMIZU Y, IWASAKI T, et al., 2016. Dynamic meandering in response to upstream perturbations and floodplain formation [J]. Geomorphology, 253：94-109.

SHANKMAN D, KEIM B D, JIE S, 2010. Flood frequency in China's Poyang Lake region：trends and teleconnections [J]. International Journal of Climatology, 26：1255-1266.

SMITH D G, HUBBARD S M, LAVIGNE J R, et al., 2011. Stratigraphy of counter-point bar and eddy-accretion deposits in low energy meander belts of the Peace-Athabasca delta, northeast Alberta, Canada [C]. in C North, ed., River to Rock：SEPM Special Publication, 97：143-152.

SMITH N, 1974. Sedimentology and bar formation in the Upper Kicking Horse River, a braided outwash stream [J]. Journal of Geology, 82：205-223.

SOCOLOFSKY S A, JIRKA G H, 2004. Large-scale flow structures and stability in shallow flows [J]. Journal of Environmental Engineering and Science, 3(5)：451-462.

SOLARI L, SEMINARA G, LANZONI S, et al., 2002. Sand bars in tidal channels Part 2. Tidal meanders [J]. Journal of Fluid Mechanics, 451：203-238.

STORMS J E A, STIVE M J F, ROELVINK D A, et al., 2007. Initial morphologic and stratigraphic delta evolution related to buoyant river plumes [J]. Coastal Sediments, 07：736-748.

SYVITSKI J P M, SAITO Y, 2007. Morphodynamics of deltas under the influence of humans [J]. Global Planet. Change, 57：261-282.

TEJEDOR A, LONGJAS A, CALDWELL R, et al., 2016. Quantifying the signature of sediment composition on the topologic and dynamic complexity of river delta channel networks and inferences toward delta classification [J]. Geophysical Research Letter, 43：3280-3287.

THOMAS R L, CHRISTENSEN M D, SZALINSKA E, et al., 2006. Formation of the St. Clair River Delta in the Laurentian Great Lakes System [J]. Journal of Great Lakes Research, 32(4)：738-748.

TIMONEY K, LEE P, 2016. Changes in the areal extents of the Athabasca River, Birch

River, and Cree Creek deltas, 1950-2014, Peace-Athabasca delta, Canada [J]. Geomorphology, 258 : 95-107.

USMAN M, 2016. On consistency and limitation of independent t-test Kolmogorov Smirnov Test and Mann Whitney U test [J]. IOSR-JM, 12(4): 22-27.

VAN DER WEGEN M, ROELVINK J A, 2012. Reproduction of estuarine bathymetry by means of a process-based model : Western Scheldt case study, the Netherlands [J]. Geomorphology, 179 : 152-167.

VAN HEERDEN I L, 1983. Deltaic sedimentation in eastern Atchafalaya Bay [D]. Louisiana : Center for Water Resources, Louisiana State University : Baton Rouge, 117.

VAN RIJN L C, 1993. Principles of Sediment Transport in Rivers, Estuaries and Coastal Seas [C]. Amsterdam : Aqua publications, 1993 : 10-60.

WANG Z, LIANG Z, 2000. Dynamic characteristics of the Yellow River mouth [J]. Earth Surface Processes and Landforms, 5(7): 765-782.

WANG J, MUTO T, URATA K, et al., 2019. Morphodynamics of River Deltas in Response to Different Basin Water Depths: An Experimental Examination of the Grade Index Model [J]. Geophysical Research Letters, 46 : 5265-5273.

WILLIS B, SUN T, 2019. Relating depositional processes of river-dominated deltas to reservoir behavior using computational stratigraphy [J]. Journal of Sedimentary Research, 89(12): 1250-1276.

WOODBRIDGE K P, 2013. The influence of Earth surface movements and human activities on the River Karun in lowland south-west Iran [D]. Hull: University of Hull: 20-50.

WRIGHT L D, 1977. Sediment transport and deposition at river mouths : A synthesis [J]. Geological Society of America Bulletin, 88 : 857-868.

WRIGHT L D, COLEMAN J M, 1974. Mississippi River Mouth Processes : Effluent Dynamics and Morphologic Development [J]. Journal of Geology, 82(6): 751-778.

XU Z, WU S, YUE D, et al., 2021a. Effects of upstream conditions on digitate shallow-water delta morphology [J]. Marine and Petroleum Geology, 134, 105333.

XU Z, WU S, LIU M, et al., 2021b. Effects of water discharge on river-dominated delta growth [J]. Petroleum Science, 18(6): 1630-1649.

XU Z, PLINK - BJÖRKLUND P, WU S, et al., 2022a. Sinuous bar fingers of digitate shallow - water deltas : Insights into their formative processes and deposits from integrating morphological and sedimentological studies with mathematical modelling [J].

Sedimentology, 69(2): 724-749.

XU Z, WU S, WANG Q, et al., 2022b. Internal Architectural Patterns of Bar Fingers Within Digitate Shallow-Water Delta: Insights from the Shallow Core, GPR and Delft3D Simulation Data of the Ganjiang Delta, China[J]. Lithosphere, (Special 13), 9120724.

XU Z, YANG S, ZHANG T, et al., 2023. Sharp change of the channel bar pattern within the river delta: Insights from modern Ganjiang River delta in Jiangxi province, China[J]. Interpretation, 11(1): SA105-SA114.

ZAVALA C, ARCURI M, Di MEGLIO M, et al., 2021. Deltas: a new classification expanding Bates's concepts[J]. Journal of Palaeogeography, 10(1): 1-15.

ZHU X, ZENG H, LI S, et al., 2017. Sedimentary characteristics and seismic geomorphologic responses of a shallow-water delta in the Qingshankou Formation from the Songliao Basin, China[J]. Marine and Petroleum Geology, 79: 131-148.

ZINKE P, OLSEN N, BOGEN J, 2011. Three-dimensional numerical modelling of levee depositions in a Scandinavian freshwater delta[J]. Geomorphology, 129(3-4): 320-333.